苜蓿害虫及天敌鉴定图册

张泽华 主编

中国农业科学技术出版社

图书在版编目（CIP）数据

苜蓿害虫及天敌鉴定图册 / 张泽华主编. —北京:中国农业科学技术出版社，2015. 11
ISBN 978- 7 - 5116 - 2304 - 1

Ⅰ. ①苜… Ⅱ. ①张… Ⅲ. ①紫花苜蓿—害虫—图集 ②紫花苜蓿—害虫天敌—图集 Ⅳ. ①S551-64

中国版本图书馆 CIP 数据核字（2015）第 243484 号

责任编辑 张孝安
责任校对 贾海霞
出 版 者 中国农业科学技术出版社
北京市中关村南大街12号 邮编：100081
电　　话 (010) 8210 9708（编辑室） (010) 8210 9702（发行部）
(010) 8210 9709（读者服务部）
传　　真 (010) 8210 6650
网　　址 http://www.castp.cn
经 销 者 各地新华书店
印 刷 者 北京科信印刷有限公司
开　　本 710 mm × 1000 mm 1/16
印　　张 10.5
字　　数 210千字
版　　次 2015年11月第1版 2015年11月第1次印刷
定　　价 40.00元

编 委 会

主　编：张泽华

副主编：涂雄兵　杨　定　张　蓉

参　编（按拼音顺序排列）：

班丽萍　曹广春　杜桂林　范要丽
洪　军　黄训兵　李志红　刘长仲
刘玉升　刘振宇　刘忠宽　马建华
农向群　王广君　王贵强　魏淑花
吴惠惠　谢　楠　虞国跃　贠旭江
张　晓　赵　莉　朱猛蒙

20世纪90年代以来，在退耕还草、退牧还草、西部大开发等国家政策支持下，牧草产业快速发展。苜蓿作为优质饲草，种植面积逐年扩大，截至2012年底，我国苜蓿种植面积达360万hm^2（5 400万亩），产量约2 540万t。主要涵盖东北、华北、西北等苜蓿主产区。随苜蓿种植面积扩大，苜蓿虫害不断发生和严重危害日益成为阻碍牧草产业持续发展、农牧民增收的重要瓶颈之一。苜蓿害虫不仅造成产量下降，更为重要的是造成品质降低、甚至绝收。按一般年份估算，苜蓿害虫至少造成20%产量损失，年均直接经济损失91.44亿元。由于其分布广泛、危害持续，给畜牧业生产造成巨大经济损失。同时，它还严重威胁草地生态环境、畜牧业生产以及广大农牧民的生产生活。

苜蓿在我国有着悠久的历史，近年来苜蓿害虫群落结构、种群动态、为害特征及防治技术等方面进行了比较系统的研究。然而，苜蓿害虫的研究尚有一些问题亟待解决，例如，苜蓿害虫的分布区域研究不够全面，给科学研究和防治工作带来极大不便。主要是由于尚无统一的鉴定及分类标准，导致害虫识别困难。同时对苜蓿害虫的天敌重要性认识不足。为更好地进行苜蓿害虫研究，本书在前人研究基础上，结合实地调查研究，对我国苜蓿主要害虫进行了系统性的总结。本书共分为5个章节，包括苜蓿主要害虫发生规律、苜蓿主要害虫形态特征、其他牧草害虫形态特征、苜蓿害虫天敌形态特征、苜蓿主要害虫防治技术规程。共记述我国常见的苜蓿害虫共5目19科53种、其他牧草害虫6目25科63种，天敌2纲，其中，昆虫纲6目14科50种、蛛形纲1目4科12种，并提供种类检索表。

本书的编写和出版由现代农业牧草产业技术体系（编号：CARS-35-07）支持。本书编写所用标本主要来源于中国农业科学院植物保护研究所、中国农业大学昆虫标本馆馆藏标本。研究过程中，得到了北京市农林科学院虞国跃研究员的支持，他编写了苜蓿害虫天敌–瓢虫科部分，还得到了国家牧草产业技术体系岗位专家、试验站站长等的大力支持，在此一并表示衷心的感谢。

本书所涉及的内容范围广泛，由于时间和水平有限，在编写和统稿过程中难免有不足之处，请广大读者给予指正。

编　者

2015年8月

CONTENTS

第1章

苜蓿主要害虫及发生规律

苜蓿主要害虫

（一）蚜虫类

为害苜蓿的蚜虫种类主要为苜蓿无网蚜*Acyrthosiphon kondoi* Shinji *et* Kondo、豆蚜（苜蓿蚜）*Aphis craccivora* Koch、豌豆蚜*Acyrthosiphon pisum* (Harris)、三叶草彩斑蚜*Therioaphis trifolii* (Monell)等。普遍发生在全国各苜蓿种植区，属常发性害虫，对苜蓿生长早中期危害较大，严重发生时造成苜蓿产量损失达50%以上，排泄的蜜露引起叶片发霉，影响草的质量，导致植株萎蔫、矮缩和霉污以及幼苗死亡。豌豆无网长管蚜和苜蓿无网长管蚜体绿色，个体较大，长度在2～4mm，一对腹管明显可见，二者经常在田间同时发生，区别是豌豆无网长管蚜触角每一节都有黑色结点，而苜蓿无网长管蚜触角均匀无黑色结点；苜蓿斑蚜体淡黄色，个体较小，只有豌豆无网长管蚜和苜蓿无网长管蚜的1/2～1/3，背部有6～8排黑色小点，常在植株下部叶片背部为害；豆蚜黑紫色，有成百上千头在苜蓿枝条上部聚集为害的特性。

（二）蓟马类

为害苜蓿的蓟马种类主要有牛角花齿蓟马*Odontothrips loti* (Haliday)、烟蓟马*Thrips tabaci* Lindeman、苜蓿蓟马（西花蓟马）*Frankliniella occidentalis* (Perg.)和花蓟马*Frankliniella intonsa* (Trybom)等。田间以混合种群危害，各地均以牛角花翅蓟马为优势种。蓟马普遍发生在全国各苜蓿种植区，已成为苜蓿成灾性害虫，主要取食叶芽、嫩叶和花，轻者造成上部叶片扭曲，重者成片苜蓿早枯，停止生长，叶片和花干枯、早落对苜蓿干草产量造成20%的损失，减少种子产量50%以上。蓟马属微体昆虫，成虫产卵于叶片、花、茎秆组织中，个体细小，长度0.5～1.5mm，成虫灰色至黑色，若虫灰黄色或橘黄色，跳跃性强，为害隐蔽，需拍打苜蓿枝条到白纸板和手掌上肉眼才可见。

（三）盲蝽类

在苜蓿上发生的盲蝽是混合种群，主要由苜蓿盲蝽*Adelphocoris lineolatus* (Goeze)、牧草盲蝽*Lygus pratensis* (Linnaeus)、三点苜蓿盲蝽*Adelphocoris fasciaticollis* Reuter等组成，苜蓿盲蝽为优势种群。盲蝽类广泛存在于全国苜蓿各种植区以及小麦、棉花、胡麻等农田中，属杂食性害虫，吸食嫩茎叶、花芽及未成熟的种子。盲蝽雌虫产卵于幼嫩的组织内，刚孵化的若蝽为亮绿色，行动迅速，这一特征可与其形态相似，灰绿色、行动迟缓的豌豆蚜相区分，成熟的若蝽有1对短翅垫。苜蓿盲蝽成虫体长5～6mm，触角4节，约等于体长，体色变化很大，通常为黄褐色，可从浅黄绿色至深红褐色，前胸背板后缘有2个黑斑，小盾片暗褐色，之中有一对半丁字形条纹，是本种的主要特征之一；牧草盲蝽体色黄绿色，触角比体短，前胸背板有桔皮状刻点，后缘有一黑纹，中部有4条纵纹，在翅基部有一黄色的三角形小盾片。

（四）螟蛾类

主要包括苜蓿夜蛾*Heliothis viriplaca* (Hufnagel)、甜菜夜蛾*Spodoptera exigua* (Hübner)、草地螟*Loxostege sticticalis* (Linnaeus)等。草地螟属草原周期性、突发性迁飞害虫，主要分布在我国东北、华北和西北地区，幼虫暴食多种植物，寄主有35科200余种植物，多以大规模迁入苜蓿地造成危害。成虫体长8～12mm，翅展12～25mm，静止时体呈三角形，前翅灰褐色，翅中央稍近前方有一个方形淡黄色或浅褐色斑，翅外缘黄白色，并有一连串浅黄色小点连成条纹，后翅灰褐色，沿外缘有两条平行的波状纹；幼虫体色黄绿色或暗绿，老熟幼虫体长19～21mm，胸腹部有明显的暗色纵行条纹，周身有毛瘤，初孵幼虫取食叶肉，造成“天窗”，长大时能将叶片吃成缺刻和空洞，幼虫有受惊动后立即落地假死的习性。

苜蓿夜蛾属于杂食性害虫，是苜蓿地夜蛾类害虫中最为常见的，广泛分布在我国苜蓿各种植区，各年度发生轻重差别较大，属偶发性害虫，常以二代幼虫在8 ~ 9月局部突发，1 ~ 2龄幼虫有吐丝卷叶习性，常在叶面啃食叶肉，2龄以后常在叶片边缘向内蚕食，形成不规则的缺刻和孔洞；成虫体长13 ~ 14mm，翅展30 ~ 38mm，前翅灰褐而带有青绿色，翅的中部有一宽而色深的横线，肾状纹黑褐色，翅的外缘有黑点7个，后翅淡黄褐色，外缘有一黑色宽带，其中，夹有心脏形淡色斑，老熟幼虫体长40mm左右，头部黄褐色，体色变化很大，一般为黄绿色，上有黑色纵纹，腹面黄色。

（五）苜蓿叶象甲

苜蓿叶象甲*Hypera postica* (Gyllenhal)分布于新疆维吾尔自治区、内蒙古自治区和甘肃省等地区，主要以幼虫对第一茬苜蓿危害，大量取食苜蓿枝叶，严重时只残留叶片主要叶脉，受害苜蓿一般减产10% ~ 20%，严重时减产50%以上。成虫灰黄色，体长4.5 ~ 6.5mm，前胸背板有两条较宽的褐色条纹，鞘翅内侧上有深褐色条带；初孵幼虫白色，取食后由浅绿色至绿色，头部亮黑色，背线和侧线均为白色，无足；卵位于茎秆内，椭圆形，大小（0.5 ~ 0.6）mm × 0.25mm，黄色而有光泽，近孵化时变为褐色，卵顶发黑。

（六）地下害虫类

常发生在西北、华北地区种植年限较长的旱地苜蓿及新种植苜蓿上，具代表性的种类有东北大黑鳃金龟*Holotrichia diomphalia* (Bates)、华北大黑鳃金龟*Holotrichia oblita* (Faldermann)、铜绿丽金龟*Anomala corpulenta* Motschulsky、白星花金龟*Protaetia (Liocola) brevitarsis*(Lewis)、沟金针虫*Pleonomus canaliculatus* Faldermann、细胸金针虫*Agriotes fuscicollis* Miwa等。由于苜蓿草地环境稳定，主要以幼虫取食苜蓿根部，导致苜蓿生长不良、枯黄，甚至死亡，成虫也取食苜蓿叶片和茎。金龟甲幼虫蛴螬通常体乳白色，头黄褐色，弯曲呈“C”状。白花星金龟个体较大，长16 ~ 24mm，宽9 ~ 12mm，椭圆形，黑色具青铜色光泽，体表散布众多不规则白绒斑；黑绒金龟成虫体小，体长7～9.5mm，卵圆形，有天鹅绒光泽，鞘翅上具密生短绒毛，边缘具长绒毛。黑皱鳃金龟成虫体中型，长15～16m，宽6～7.5mm，黑色无光泽，刻点粗大而密，鞘翅无纵肋，头部黑色，前胸背板中央具中纵线，小盾片横三角形，顶端变钝，中央具明显的光滑纵隆线，鞘翅卵圆形，具大而密排列不规则的圆刻点。

（七）芫菁类

为害苜蓿常见种类为豆芫菁*Epicauta (Epicauta) gorhami* (Marseul)、中华豆芫菁*Epicauta (Epicauta) chinensis* Laporte、绿芫菁*Lytta (Lytta) caraganae* (Pallas)和苹斑芫菁*Mylabris (Eumylabris) calida* (Palla)等。广泛分布于全国苜蓿种植区，属于偶发性害虫，但其具有群聚性、暴食性，暴发可造成严重减产，遗留在干草捆内的虫体含有毒素斑蝥素，能引起以苜蓿为食的家畜中毒。豆芫菁成虫体长15～18mm，头部大部分为红色，体黑色，前胸背板中央和每个鞘翅中央都有1条白色纵纹；绿芫菁成虫个体大，长20～30mm，通体金绿色，鞘翅具铜色或铜红色光泽；苹斑芫菁成虫体长11～18mm，头、体躯和足黑色且被黑色毛，鞘翅橘黄具黑斑，中部各有1条黑色宽横斑，该斑外侧达翅缘，内侧不达鞘翅缝，距鞘翅基部1/4和1/5处各有1对黑斑，翅后端的黑斑汇合呈一横斑；中华豆芫菁成虫体长14～25mm，黑色，前胸背板中央有一白色短毛组成的纵纹，鞘翅周缘有白毛形成的边。

苜蓿主要害虫发生规律

（一）蚜虫类

通常以雌蚜或卵在苜蓿根冠部越冬，在整个苜蓿生育期蚜虫发生20多代。春季苜蓿返青时成蚜开始出现，随着气温升高，虫口数量增加很快，每个雌蚜可产生50～100个胎生若蚜，虫口数量同降雨量关系密切，5～6月如降雨少，蚜量则迅速上升，对第一茬和第二茬苜蓿造成严重危害。

（二）蓟马

从苜蓿返青开始整个生育期均可持续为害，全生育期发生10多代，成虫在4月中下旬苜蓿返青期开始出现，虫口较低，在5月中旬虫口突增，通常在6月中旬初花期时达到为害高峰期，发生盛期可从5月上旬持续到9月上旬的每一茬苜蓿上，特别对第一茬和第二茬苜蓿为害严重，通常在初花期达到为害高峰期，有趋嫩习性，主要取食叶芽和花。

（三）盲蝽类

盲蝽寄主较为广泛，苜蓿是盲蝽最为喜好的寄主植物，飞行能力较强，很容易从成熟的杂草、牧草或其他作物上迁移到苜蓿地。盲蝽一年发生3～4代，完成一个世代约需4～6周，以卵在苜蓿地残茬中越冬，5月上中旬为孵化盛期，在5月下旬初花期前成虫开始大量出现，盛发期主要集中在6月中旬至8月下旬，在苜蓿整个生育期盲蝽虫态重叠，对每一茬苜蓿上都可造成危害。

（四）螟蛾类

草地螟在我国北方一年发生2～3代，因地区不同而不同，多以第一代为害严重，以老熟幼虫在滞育状态下于土中结茧越冬，幼虫共5龄，有吐丝结网习性，1～3龄幼虫多群栖网内取食，4～5龄分散为害，遇触动则作螺旋状后退或呈波浪状跳动，吐丝落地；成虫白天潜伏在草丛及作物田内，受惊动时可做近距离飞移，具有远距离迁飞的习性，随着气流能迁飞到200～300km以外的地方，在迁飞过程中完成性成熟。苜蓿夜蛾一年发生2代，以蛹在土中越冬，第一代成虫6月在田间出现，第二代成虫8月出现。

（五）苜蓿叶象甲

通常一年发生3代，以成虫形式在苜蓿地残株落叶下或裂缝中越冬，4月苜蓿开始萌发时，成虫开始出现进行取食为害，雌虫将苜蓿茎秆咬成圆孔或缺刻，将卵产在茎秆内，用分泌物或排泄物将洞口封闭；初孵幼虫在茎秆内蛀蚀，形成黑色的隧道；至2龄时，幼虫自茎秆中钻出并潜入苜蓿叶芽和花芽中为害，造成生长点坏死和花蕾脱落，幼虫为害盛期在5月下旬至6月上旬，主要以3龄和4龄幼虫危害最为严重。

（六）地下害虫类

一年或两年发生1代，以幼虫在土中越冬，成虫寿命较长，飞行能力强，昼伏夜出，具有假死习性和强烈的趋光性、趋化性。白花星金龟成虫5月出现，发生盛期为6～8月；黑绒金龟4月中下旬开始出土，5月至6月上旬是成虫发生危害盛期。危害随着苜蓿种植年限的延长成指数增加，种植7年后的苜蓿地黑绒金龟和白星花金龟种群暴发性增长，而种植年限5年以下其种群增长非常缓慢。

（七）芫菁类

一年发生1～2代，均以5龄幼虫在土中越冬，成虫通常在6～8月发生，有群集危害的习性，喜欢取食花器，将花器吃光或残留部分花瓣，使种子产量降低，也食害叶片，将叶片吃光或形成缺刻。幼虫生活在土中，以蝗卵为食，通常可取食蝗卵45～104粒，是蝗虫重要的天敌。

第2章

苜蓿主要害虫形态特征

苜蓿主要害虫种类检索表

1. 口器咀嚼式，有成对的上颚；或口器退化......2
   口器非咀嚼式，无上颚；为虹吸式、刺吸式或舔吸式等......30
2. 前后翅均为膜质.......苜蓿籽蜂*Bruchophagus roddi* (Gussakovsky，1933)
   前翅角质，和身体一样坚硬如铁......3
3. 头部延伸成喙状；外咽缝愈合或消失......4
   头部非喙状；2条外咽缝明显......7
4. 前胸背板有2条较宽的褐色纵条纹，中间夹有一条细的灰线。鞘翅上有3段等长的深褐色纵条纹，靠近前胸背板的1段纵条纹最粗，逐段变细......苜蓿叶象*Hypera postica* (Gyllenhal)，1813
   非上所述......5
5. 喙长而直，端部略向下弯，中隆线细而隆，长达额，两侧有深沟......
   ......甜菜象甲*Bothynoderes punctiventris* (Germai，1794)
   非上所述......6
6. 体暗棕色......苜蓿籽象*Tychius medicaginis* Brisout，1863
   体灰色......草木樨籽象*Tychius meliloti* Stephens，1831
7. 触角超过体长1/3......苜蓿丽虎天牛*Plagionotus floralis* (Pallas)
   触角未超过体长2/3......8
8. 触角呈鳃叶状，端部3～7节向一侧延伸膨大成栉状或叶片状，常能开合...9
   触角不呈鳃叶状......15
9. 腹部气门仅在后方稍向外分开，每1行几乎呈1直线；至少后足爪大小

相等，且有1齿，少数仅有1爪；口上片横行，被缝与额分开……………10

10. 腹部气门在后方强烈地分开，每1行呈1折线……………………………12

11. 后足胫节2端距远离，位胫端两侧…………………………………………
……………………………东方绢金龟*Serica orientalis* Motschuisky，1857

后足胫节2端距相互十分靠拢，位胫端一侧…………………………………11

后翅较长，前后缘近平行，翅端伸达腹部第4背板；雄性外生殖器的阳茎中突细长…………东北大黑鳃金龟*Holotrichia diomphalia* (Bates)，1888

后翅短，后缘钝角形或弧形扩出，翅端伸达或略超过腹部第2背板；雄性外生殖器的阳茎中突粗壮………………………………………………………
…………………………华北大黑鳃金龟*Holotrichia oblita* (Faldermann)，1835

12. 2爪不等长，可自由活动，短爪不分裂…………………………………13

至少后足的2爪等长…………………………………………………………14

13. 卵圆形，黄褐色，有金黄色、绿色闪光……………………………………
………………………………………黄褐丽金龟*Anomala exolea* Faldermann，1835

长椭圆形，体背面铜绿色具光泽……………………………………………
………………………………铜绿丽金龟*Anomala corpulenta* Motschulsky，1853

14. 上颚从背面不可见；前足基节常明显圆锥形………………………………
…………………………白星花金龟*Protaetia (Liocola) brevitarsis*(Lewis)，1879

上颚从背面可见，多少宽阔呈刀片状；前足基节横宽；雄性头部和前胸常具角状突起.....阔胸禾犀金龟*Pentodon mongolicus* Motschulsky，1849

15. 体扁平，背面平板状，两侧平行，或跗节5-5-4…………………………16

体非上所述，3对跗节数相同，均为5节………………………………27

16. 前胸背板具锐形侧缘；前足基节窝后方开式；腹部5节…………………17

前胸背板无侧缘，无凹处；前足基节窝开式；腹部6节…………………19

17. 后足跗节侧扁，长于胫节或约与胫节等长；身体侧扁，弯背；无翅尖；雄性第1、2腹板间无刚毛刷…………………………………………………
…………………北京侧琵甲*Prosodes (Prosodes) pekinensis* Fairmaire，1887

后足正常，跗节短于胫节；身体扁阔，背平或弯；有翅尖；雄性第1、2腹板间有刚毛刷（极个别无）……………………………………………18

18. 鞘翅具明显的稠密粗皱纹...........................皱纹琵甲*Blaps* (*Blaps*) *rugosa*
鞘翅无皱纹或只有不明显细皱纹...........异形琵甲*Blaps* (*Blaps*) *variolosa*
19. 前足腿节腹面端部正常，无横软毛...20
前足腿节腹面端部1/2表面凹陷，此处密生横软毛..22
20. 跗爪背叶下侧具1–2排齿................苹斑芫菁*Mylabris (Eumylabris) calida*
跗爪背叶下侧光滑无齿.... 3
21. 体绿色具光泽；头、胸部光滑无毛；触角丝状..
....绿芫菁*Lytta (Lytta) caraganae*
体黑色；头、胸部密布黑色长毛；触角端部膨大近棒状......................
....丽斑芫菁*Mylabris (Chalcabris) speciosa*
22. 雄性触角正常...23
雄性触角栉齿状..24
23. 前足第1跗节基部细，端部侧扁平阔，呈斧状..
......................................红头纹豆芫菁*Epicauta (Epicauta) erythrocephala*
前足第一跗节加粗，呈柱状..
....大头豆芫菁*Epicauta (Epicauta) megalocephala*
24. 雄性触角扩展一侧具纵沟………… 豆芫菁*Epicauta (Epicauta) gorhami*
雄性触角强烈展宽，无纵沟..25
25. 头大部分红色，仅触角基部的1对“瘤”及复眼内侧黑色；雄性触角第3节的一侧稍向外斜伸，第4节宽至多为长的2倍..
....西北豆芫菁*Epicauta (Epicauta) sibirica*
头大部分黑色，仅额部复眼之间1长斑及两侧后头红色；雄性触角第3节明显向外斜伸，第4节宽大于长的2倍..26
26. 前胸背板两侧和中央具纵沟，鞘翅侧缘、端缘和中缝以及体腹面除后胸和腹部中央外，均被灰白毛；触角第4节宽为长的4倍........................
....中华豆芫菁*Epicauta (Epicauta) chinensis*
前胸背板、鞘翅及体腹面几乎完全被黑毛；触角第4节宽为长的2~3倍..
....疑豆芫菁*Epicauta (Epicauta) dubia*
27. 小盾片略仿心脏形，覆毛极密............细胸金针虫*Agriotes fuscicollis* Miwa

非上所述……………………………………………………………………………………28

28. 鞘翅狭长，自中部开始向端部逐渐缢尖，每侧具9行列点刻……………………
……………………………………………………褐纹金针虫*Melanotus caudex* Lewis

非上所述……………………………………………………………………………………29

29. 体瘦狭，背面扁平…………沟金针虫*Pleonomus canaliculatus* Faldermann

体粗短宽厚…………………………………宽背金针虫*Selatosomus latus* Fabricius

30. 口器为虹吸式，翅膜质，覆有鳞片……………………………………………………31

口器非虹吸式；翅上无鳞片…………………………………………………………………37

31. 触角棒状……………………………………斑缘豆粉蝶*Colias erate* Esper，1805

触角丝状、羽状……………………………………………………………………………32

32. 后翅Sc+R1与Rs在中室外靠近或部分愈合…………………………………………33

后翅Sc+R1与Rs在中室外分歧……………………………………………………………35

33. 体淡黄色………………尖锥额野螟*Loxostege verticalis* Linnaeus，1758

体灰褐色………………………………………………………………………………………34

34. 前翅灰褐色，外缘有淡黄色的条纹，顶角内侧前缘具1不明显的三角形淡黄色小斑。沿外缘有明显的淡黄色波状纹，外缘有类似前翅外缘的条斑……………………………草地螟*Loxostege sticticalis* (Linnaeus)，1761

前翅中室基部下半部有1个黑色斑纹，中室中央与中室下方各有1个边缘深色的褐色原斑及1个肾形圆斑，外横线锯齿状，在Cu1到中室末端收缩，亚缘线深锯齿状，缘线锯齿状………………………………………………
………………麦牧野螟*Nomophila noctuella* (Denis et Schiffermüller)，1775

35. 中、后足胫节无刺或刺稀少……………………………………………………………
…………………………………………甜菜夜蛾*Spodoptera exigua* (Hübner)，1808

中、后足胫节具刺……………………………………………………………………………36

36. 阳茎内囊具角状器…………………………………………棉铃虫*Helicoverpa armigera*

阳茎内囊无角状器…………………………………………苜蓿夜蛾*Heliothis viriplaca*

37. 口器常不对称；足端部有泡；无翅和翅围有缨毛……………………………………38

口器对称；足端无泡；翅不围缘毛，或无翅…………………………………………41

38. 1前胸背片有4对长鬃，前角、前缘各有1对，后角有2对…………………………39

胸背片仅后角有2对长鬃..40

39. 身体颜色从红黄到棕褐色，腹节黄色，通常有灰色边缘..........................
..............................苜蓿蓟马（西花蓟马）*Frankliniella occidentalis*(Perg)
非上所述..............................花蓟马*Frankliniella intonsa* (Trybom)，1895

40. 触角VI节膨大................牛角花齿蓟马*Odontothrips loti* (Haliday，1852)
非上所述..烟蓟马*Thrips tabaci* Lindeman，1889

41. 前翅基半部革质，端半部膜质；如无翅则喙明显出头部........................42
前翅全部革质或膜质；如无翅则喙出自胸部，或无喙............................50

42. 无单眼；前翅膜片纵脉消失，仅具1或2翅室..43
具单眼；前翅膜片具4或5纵脉，少数端部分成网状，或具1宽翅室.......48

43. 第1跗节长，长于或等于第2跗、第3跗节之和..
....红楔异盲蝽*Polymerus cognatus* (Fieber)，1858
跗节第1跗节远短于第2跗、第3跗节之和..44

44. 前胸背板无刻点，或依稀具浅小、约成痕迹状的刻点............................45
前胸背板具明显的刻点..47

45. 小盾片中线两侧各具1深色纵带............苜蓿盲蝽*Adelphocoris lineolatus*
小盾片非上所述..46

46. 前胸背板胝后两侧各具1黑色较大的圆斑..
....中黑苜蓿盲蝽*Adelphocoris suturalis*

47. 前胸背板不如上所述，后半部具宽黑横带，有时断续成二横带，或二横带与两侧端的两个黑斑...........三点苜蓿盲蝽*Adelphocoris fasciaticollis*
前胸背板具粗大刻点；左阳基侧突感觉叶表面具短棘刺.........................
....牧草盲蝽*Lygus pratensis*

48. 前胸背板具中等大小刻点；左阳基侧突感觉叶表面无棘刺....................
....绿盲蝽*Apolygus lucorum*
腹部气门全部位于背面.................小长蝽*Nysius ericae* (Schilling)，1829
腹部第2节气门位于背面，第3–8节气门位于腹面....................................49

49. 密被白色绒毛和黑色小刻点..斑须蝽*Dolycoris baccarum* (Linnaeus)，1758
没有刻点的淡色光滑纵纹很少...........西北麦蝽*Aelia sibirica* Reuter，1884

50. 腹管截短形，如果长形，则尾片瘤状，且尾板分为2叶，或触角上明显多毛；爪间突棒状或叶状；生殖毛大都其他配置..三叶草彩斑蚜*Therioaphis trifolii* (Monell)，1882

腹管非截短形，通常长管形；尾片非瘤状，常为圆锥形，有时半月形；尾片不分为2叶；触角通常只有少数毛；爪间突毛状；3个纽扣状生殖突上有生殖毛10~12根，均紧密并立..51

51. 腹部第2、3节气门间距不大于第1、2节气门间距的2倍，第1、2节气门彼此远离；腹部第1和第7节有较大的缘瘤，缘瘤通常位于气门的腹向..豆蚜（苜蓿蚜）*Aphis craccivora* Koch，1854

腹部第2节、第3节气门间距大于第1节、第2节气门间距的2倍，第1节、第2节气门彼此靠近；腹部第1和第7节缺或有较小的缘瘤，如果有，则位于气门的背向.................52

体表粗糙具明显双环形网纹；头顶中额不明显；尾片长约为腹管的1/2.....................................苜蓿无网蚜*Acyrthosiphon kondoi* Shinji *et* Kondo，1938

52. 体表体表光滑，微有网纹；头顶中额平；尾片长约为腹管的2/3...豌豆蚜*Acyrthosiphon pisum* (Harris)，1776

苜蓿主要害虫形态特征

1. 苜蓿无网蚜*Acyrthosiphon kondoi* Shinji *et* Kondo，1938（图2–1）

形态特征：无翅孤雌蚜：体长约3.8mm，宽约1.8mm。黄绿色至绿色，体表粗糙具明显双环形网纹。头部具7~8对毛。头顶中额不明显。额瘤隆起外倾。触角具短毛及小圆形次生感觉圈，约与体长同长或稍短。喙达中足基节。腹部腹管长管状，骨化，端部色深。尾片长锥形，具6~9毛，长约为腹管的1/2。尾板半圆形，具13~21毛。有翅孤雌蚜：与无翅孤雌蚜相似，但体表具微瓦纹，头黑褐色，胸黑褐色，具1对淡色节间斑，腹部淡色。

分布：吉林、辽宁、北京、河北、山西、内蒙古自治区、甘肃、西藏自治区、河南、浙江；日本，朝鲜，印度，巴基斯坦，以色列，美国，澳大利亚和非洲。

寄主：苜蓿、草木樨、蚕豆、豌豆、苦豆等。

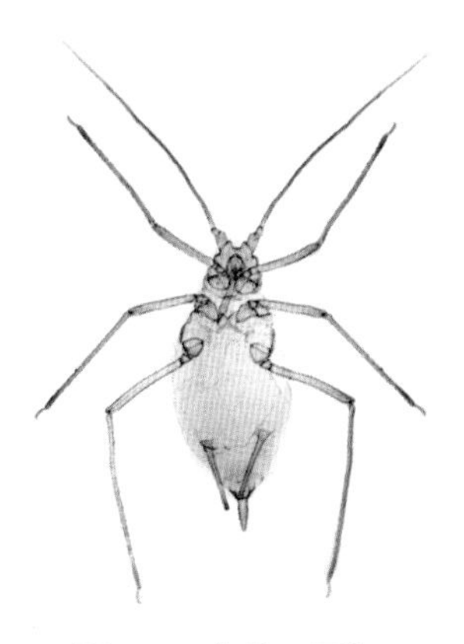

图2–1　苜蓿无网蚜

2. 豆蚜（苜蓿蚜）*Aphis craccivora* Koch，1854（图2–2）

异名：*Aphis craccivora*、*Aphis mimosae*、*Aphis robiniae*、*Aphis atronitens*、*Aphis hordei*、*Aphis leguminosae*、*Aphis beccarii*、*Aphis citricola*、*Aphis isabellina*、*Aphis papilionacearum*、*Aphis cistiella*、*Aphis oxalina*、*Aphis kyberi*、*Aphis funesta*、*Aphis meliloti*、*Pergandeida loti gollmicki*、*Aphis atrata*、*Aphis craccivora usuana*、*Aphis robiniae canavaliae*。

别名：苜蓿蚜、花生蚜。

形态特征：无翅孤雌蚜体长约1.8mm，宽卵形，黑色有光泽。头部黑色。触角具毛及瓦纹。约为体长的0.7倍。大致淡色。喙可达中足基节，末节长约为宽的2倍。大致淡色。前、中胸黑色；后胸侧斑呈黑带，缘斑小。足大致淡色。腹节1~6节各斑融合为1大黑斑。腹管圆筒形，具瓦纹。尾片长圆锥形，具6毛及微刺组成的瓦纹。尾板末端圆，具9~12毛。有翅孤雌蚜与无翅孤雌蚜相似，但体长卵形，腹节具不规则横带，1~6节横带逐渐加粗、加长。

分布：全国各地；世界各地。

寄主：苜蓿、蚕豆、苕子等多种豆科植物。

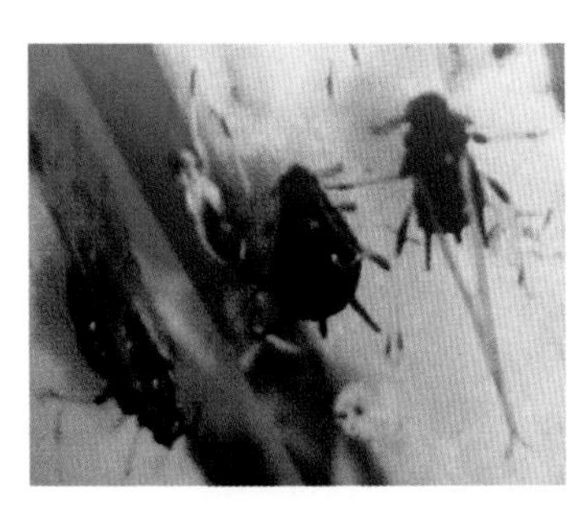

图2-2　豆蚜

（引自《沈阳昆虫原色图鉴》）

3. 豌豆蚜*Acyrthosiphon pisum* (Harris)，1776（图2-3）

异名：*Aphis pisum*、*Aphis pisi Kaltenbach*、*Macrosiphum trifolii*。

别名：豌蚜、豆无网长管蚜、豌豆无网长管蚜。

形态特征：无翅孤雌蚜体长约4.8mm，宽1.8mm。纺锤形，草绿色，体表光滑，微有网纹。头部具毛。头顶中额平，1对。额瘤显著外倾，每侧1对，头背8~10根。触角细长，具瓦纹及短毛。约与体长同长或稍短。第2~4节节间处及端部、第5节端部1/2至第6节黑褐色。喙短粗，达中足基节。顶端黑褐色。胸部具毛，前胸中、侧毛各1对，中胸20~22根，后胸8~10根。腹部具排列整齐的毛，第1~8节分别具10毛、14毛、14毛、16毛、12毛、10毛、8毛、8毛。腹管细长筒状，基部大，具缘突、切迹及淡色瓦纹。尾片长锥形，端尖，具7~13毛及小刺突横纹，长约为腹管的2/3。尾板半圆形，具19~20短毛。生殖板具20~22粗短毛。有翅孤雌蚜与无翅孤雌蚜相似，但体长约4.0mm，宽约1.2mm，翅脉正常。

分布：全国各地；世界各地。

寄主：苜蓿、豌豆、蚕豆、苦豆、苕草、山黧豆属、黄芪属、草木樨属等豆科植物。

图2–3　豌豆蚜

4. 三叶草彩斑蚜*Therioaphis trifolii* (Monell)，1882（图2–4）

异名：*Callipterus trifolii* Monell，1882、*Callipterus genevei* Sanborn，1904、*Chaitophorus trifolii* f. *maculata*、*Therioaphis collina* Börner，1942、*Therioaphis trifoliibrevipilosa* Hille Ris Lambers *et* van den Bosch、*Pterocallidium lydiae* Börner，1949、*Pterocallidium propinqum* Börner，1949。

形态特征：无翅孤雌蚜体长约2.0mm，宽1.0mm，长卵形，黄色。头部无斑，具约20根头形刚毛。触角细长，具短尖毛及微刺突构成横纹，两缘具尖锯齿状突。与体长相等或略短。喙短粗达前足基节。胸部具毛及黑褐色毛基斑。腹部淡色，1~7节各节具圆形缘斑。腹管短圆形，光滑，两缘具皱纹。尾片瘤状，长约腹管的2倍。尾板分为2叶，具14~16长毛。有翅孤雌蚜与无翅孤雌蚜相似，但体长约1.8mm，宽0.8mm，翅脉正常，具昙，各脉顶端昙加宽。

分布：吉林、辽宁、北京、河北、江苏、山东、山西、陕西、宁夏回族自治区、甘肃、新疆维吾尔自治区、云南、河南；美国，加拿大，中东，俄罗斯，波兰，德国，英国，芬兰，挪威，丹麦，埃及，大洋洲。

寄主：苜蓿、草木樨、三叶草、苦草和芒柄草属等。

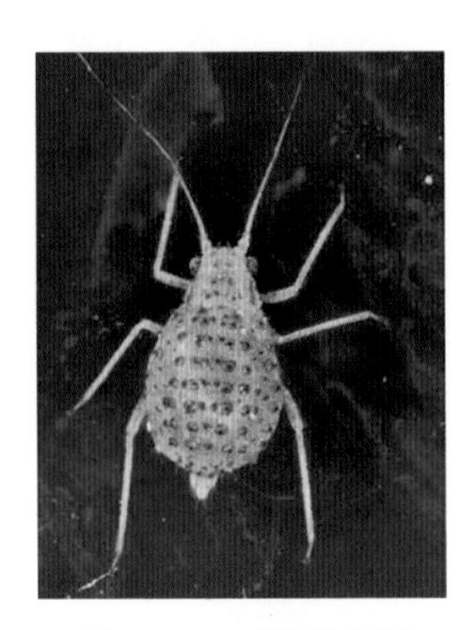

图2–4　三叶草彩斑蚜

5. 牛角花齿蓟马*Odontothrips loti* (Haliday，1852)（图2–5）

异名：*Thrips loti* Haliday，1852、*Thrips ulicis* Haliday、*Physopus ulicis* (Haliday)、*Euthrips ulicis*、*Euthrips ulicis californicus* Moulton、*Odontothrips thoracicus* Bagnall，1934、*Odontothrips ulicis* (Haliday)、*Odontothrips loti* (Haliday)、*Odontothrips uzeli* Bagnall，1919、*Odontothrips californicus* (Moulton)、*Odontothrips anthyllidis* Bagnall，1928、*Odontothrips brevipes* Bagnall，1934、*Odontothrips quadrimanus* Bagnall，1934。

别名：红豆草蓟马。

形态特征：雌虫体长约1.2~1.5mm。体暗黑色。头部颊略外拱。背片眼后有横纹。单眼呈三角形排列于复眼中后部。单眼间鬃位于前后单眼之中途，在三角形外缘连线上。触角8节，第3节有梗，第4节基部较细，第3~4节端部略细缩。第1~3节逐节变长；第3节最长，第4节、第6节次之，约等长；第7节略短于第8节。第3节黄色。下颚须3节，第1节、第3节几乎等长，略长于第2节。前胸宽约为长的1.3倍。前胸背片仅后角具2对长鬃。前翅长约0.8mm。基部1/4黄色，中部淡黑色，之后淡黄色，翅端淡黑色，具上脉鬃18根，下脉鬃12根。足胫节端部内侧具小齿，跗节第2节前面具2结节。前足胫节及后足跗节黄色。腹部背片第2~7节背片两侧具稀疏横线纹，第8节后缘中部缺后缘梳，第5~8节两侧无弯梳。腹片无附属鬃。雄虫与雌虫相似，但体型较小。背片第9节具5对大致呈弧形排列鬃，第2对鬃后边具1对短粗角状齿。

分布：河北、山西、内蒙古自治区、宁夏回族自治区、陕西、甘肃、河南；

日本、蒙古、美国、欧洲各地。

寄主：苜蓿、黄花草木樨、车轴草属。

图2–5　牛角花齿蓟马

6. 烟蓟马*Thrips tabaci* Lindeman，1889（图2–6）

形态特征：成虫体长1.2~1.4mm，两种体色，即黄褐色和暗褐色。触角第1节淡；第2节和第6~7节灰褐色；第3~5节淡黄褐色，但第4节、第5节末端色较深。前翅淡黄色。腹部第2~8背板较暗，前缘线暗褐色。头宽大于长，单眼间鬃较短，位于前单眼之后、单眼三角线连线外缘。触角7节，第3节、第4节上具叉状感觉锥。前胸稍长于头，后角有2对长鬃。中胸腹板内叉骨有刺，后胸腹板内叉骨无刺。前翅基鬃7或8根，端鬃4~6根；后脉鬃15或16根。腹部2~8根背板中对鬃两侧有横纹，背板两侧和背侧板线纹上有许多微纤毛。第2背板两侧缘纵列3根鬃。第8背板后缘梳完整。各背侧板和腹板无附属鬃。

分布：内蒙古自治区、甘肃、宁夏回族自治区等。

寄主：芸芥、草木樨、辣椒秧、藏红花、万寿菊、黄豆、石竹、蜀葵、枸杞、萝藦、小骆驼蓬、柳树、榆树、向日葵、豇豆、茄子、韭菜、扫帚菊、大丽菊、唐菖蒲、苜蓿、杨树、槐树、丁香、沙蒿、香菜、胡萝卜、旋花、马鞭草、蓟、小蓟、落叶松、野苋、柏树、雪柳、野燕麦、小麦、许长青。

7. 苜蓿蓟马（西花蓟马）*Frankliniella occidentalis*(Perg.)（图2–7）

形态特征：成虫雄性体长0.9~1.3mm，雌性略大，长1.3~1.8mm。触角8节。身体颜色从红黄到棕褐色，腹节黄色，通常有灰色边缘。头、胸两侧常有灰斑。

翅发育完全，边缘有灰色至黑色缨毛，在翅折叠时，可在腹中部下端形成一条黑线。卵长0.2mm，白色，肾形。若虫，1龄若虫无色透明，2龄若虫黄色至金黄色。蛹为伪蛹，白色。

分布：云南、浙江、山东、北京。

寄主：桃、苹果、苜蓿、茄、辣椒。

图2-6 烟蓟马
（引自《中国病虫原色图鉴》）

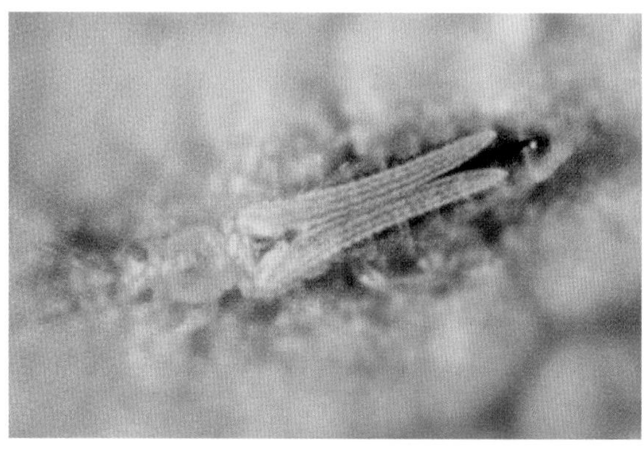

图2-7 苜蓿蓟马
（引自《蔬菜病虫害诊治原色图鉴》）

8. 花蓟马*Frankliniella intonsa* (Trybom)，1895（图2-8）

异名：*Physopus vulgatissima*、*Frankliniella vicina*、*Physapus ater* De Geer，1744、*Physapus brevistylis* Karny，1908、*Thrip intonsa* Trybom，1895、*Thrip pallid* Karay，1907、*Frankliniella formosae* Moulton，1928、*Frankliniella vulgatissimus*、*Frankliniella breviceps* Bagnall，1911。

形态特征：雌虫体长1.2~1.6mm。体褐色。头部黄褐色。颊后部窄。头顶前缘仅中央突出。背片在眼后有横纹。单眼鬃较粗，在后方单眼内方，位于前、后单眼中心连线上。触角较粗，8节，第3节有梗，第3~5节基部较细，第3~4节端部略细缩。第1~3节逐节变长；第3节最长，第4、6节次之，约等长；第6~8节逐节变短。第3~5节黄褐色，第5节端部及其余各节暗褐色。下颚须3节，第1、2节几乎等长，长约为第3节的一半。前胸黄褐色，宽约为长的1.3倍。前胸背片具4对长鬃，前角外侧各具1对，后角具2对。前翅长约1mm。微黄色，具上脉鬃19~22根，下脉鬃14~16根。腹部背片第1节布满横纹，第2~8节背片仅两侧具横线纹，

第5~8节两侧微弯，梳清楚，第8节后缘梳完整，梳毛基部略为三角形，梳毛稀疏而小。腹片具线纹，仅具后缘鬃，第2节2对，第2~7节3对，除第7节中队鬃略微在后缘之外，均着生在后缘上。雄虫与雌虫相似，但体型较小，全身黄色。背片第9节鬃几乎为一横列，腹片第3~7节有近似于哑铃形腺域。

分布：全国各地；朝鲜，韩国，日本，蒙古，印度，土耳其，欧洲各地。

寄主：苜蓿、草木犀、刺茅、蚕豆、大丽菊、金盏菊、大蓟、棉花、木芙蓉、扶桑、芸芥、白菜、萝卜、甘蓝、葱、丝瓜、月季、苹果、梨、忍冬、胡麻、茜草、烟草、夹竹桃、荷花、美人蕉、兰花、茄、番茄、牵牛花、海棠、沙柳、紫藤、马铃薯、地黄、牡丹、辣椒、菠菜、慈姑、麦类、玉米、水稻等。

图2-8　花蓟马

（引自《中国现代果树病虫原色图鉴》）

9. 苜蓿盲蝽*Adelphocoris lineolatus* (Goeze)，1778（图2-9）

异名：*Calocoris chenopodii* Fieber，1861。

形态特征：体长6.5~9.5mm，宽2.5~3.5mm。较狭长，两侧较平行，新鲜标本绿色，干标本淡污黄褐色。头一色或头顶中纵沟两侧各具1黑褐色小斑；毛同底色，或为淡黑褐色，短而较平伏。触角第一节同体色，第二节略带紫褐或锈褐色，第四、五节淡污黑褐或污紫褐色，有时最基部黄白；触角毛第一节黑色，其余各节单色。喙伸达中足基节末端。前胸背板胝色淡（同底色）或黑色，盘域偏后侧方各具黑色圆斑1个，如胝为黑色时，黑斑多大于黑色的胝；盘域毛细短，刚毛状，淡色，几平伏；胝前区具短小的闪光丝状平伏毛，该区的直立大刚毛状毛淡色；刻点浅，密度中等，不甚规则。领色同盘域，直立大刚毛状毛中的一部分黑色。小盾片中线两侧多具1对黑褐色纵带，具浅横皱，毛同前胸背板。爪片内半常色加深成淡黑褐，其中爪片脉处常成黑褐宽纵带状，内缘全长黑褐色。革片中裂与其侧的纵脉之间色深，常成三角形黑褐色，楔片末端黑褐。膜片烟黑褐。

分布：黑龙江、吉林、辽宁、北京、天津、河北、山西、内蒙古自治区、宁夏回族自治区、新疆维吾尔自治区、青海、陕西、甘肃、甘肃、湖北等；蒙古，欧洲。

寄主：苜蓿、草木樨、棉花、马铃薯、豌豆、菜豆、南瓜、麻类、麦类、玉米、谷子、油菜、沙枣等。

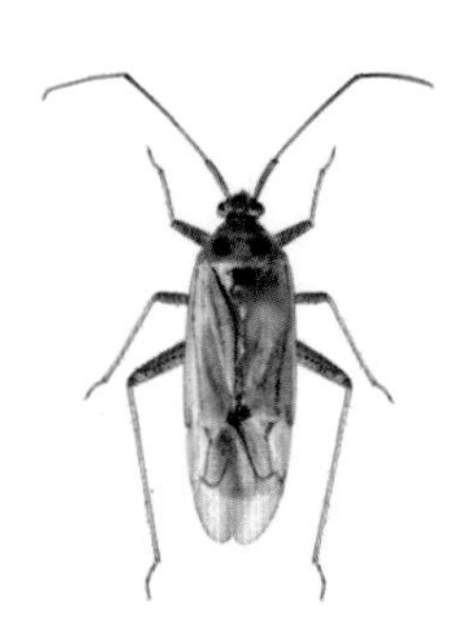

图2-9　苜蓿盲蝽

10. 绿后丽盲蝽*Apolygus lucorum* (Meyer–Dür)，1843（图2–10）

异名：*Capsus lucorum*Meyer-Dür，1843、*Lygus lucorum* (Meyer-Dür)、*Lygocoris lucorum* (Meyer-Dür)、*Lygocoris (Apolygus) lucorum* (Meyer-Dür)、*Apolygus lucorum* (Meyer-Dür)。

形态特征：体长4.4~5.5mm，宽2.1~2.5mm，新鲜标本鲜绿色，干标本淡绿色，具光泽。头垂直；额区毛略长。头顶光滑，相对略宽；后缘脊完整。触角4节，第1节绿色，较细，伸过头端，第2节最长；绿色至褐色，端两节褐色。喙4节，末端达后足基节端部，端节黑色。前胸背板绿色。领较细，具后倾的半直立毛。盘域后缘中段几直，具较密刻点。小盾片、前翅革片，爪片均绿色，革片端部与楔片相接处略呈灰褐色。楔片绿色。膜区暗褐色。翅室脉纹绿色。足绿色，腿节膨大；胫节有刺，刺基无小黑点铱；跗节3节，端节最长，黑色；爪2个，黑色。

分布：河北、山西、吉林、黑龙江、福建、江西、河南、湖北、湖南、贵州、云南、陕西、甘肃、宁夏回族自治区；俄罗斯，日本，埃及，阿尔及利亚，欧洲，北美。

寄主：苜蓿、豆科牧草、麦类、玉米、谷子、高粱、水稻、棉花、白菜、苹果、梨、桃、沙枣、榆等。

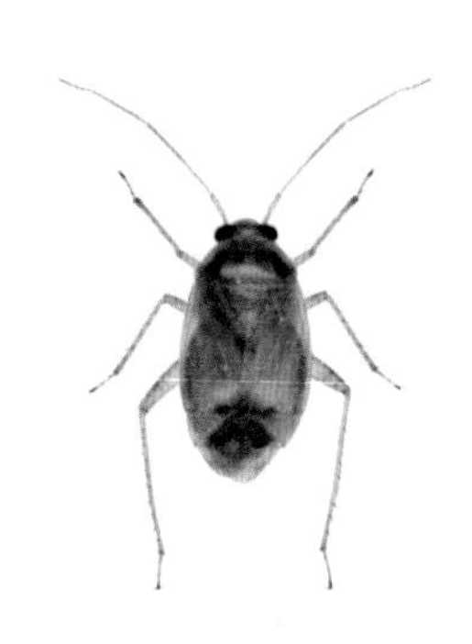

图2–10 绿后丽盲蝽

11. 三点苜蓿盲蝽*Adelphocoris fasciaticollis* Reuter，1903（图2–11）

别名：三点盲蝽。

形态特征：体长6.0~8.5mm，宽2.0~3.0 mm。长椭圆形，底色淡黄褐至黄褐。头有光泽，淡褐色，额部成对平行斜纹与头顶“八”字形纹带共同组成较隐约而成色略深的“X”形暗斑状，或因上述斑纹界限模糊而头背面呈斑驳状。头背面具刚毛，黄褐色，较长，半平伏或半直立；上唇片基部直立大毛淡色及黄褐色。触角第1节淡污黄褐至淡锈褐色，毛黑；第2节基半色同第一节，然后渐加深成淡紫褐色，端部1/3深紫褐色至紫黑色；第3、4节紫褐，最基部淡黄白。喙伸达后足基节末端前。前胸背板光泽强，胝区黑，成横列大黑斑状；盘域后半具宽黑横带，有时断续成二横带，或二横带与两侧端的两个黑斑；胝前及胝间区闪光丝状平伏毛极少，不显著，或无。前胸背板前半刚毛状毛淡色或色较深，淡褐色至黑褐色，毛基常成暗色小点状，向后渐淡；黑斑带上的毛同底色；胝毛同盘域，但甚稀疏。盘域刻点细浅较稀。领色同前胸背板底色，直立刚毛状毛同色，几无深黑褐色着；弯曲淡色毛较短且少，较不显著。小盾片淡黄至黄褐色，侧角区域黑褐；具浅横皱。爪片一色黑褐或外半黄褐。革片及缘片同底色，后部2/3中央的纵走三角形大斑黑褐，斑的深浅较一致；缘片外缘狭窄地黑褐色。爪片与革片毛二型，长密，银色闪光丝状毛侧面观狭鳞状；刚毛状毛色同底色，深色部分毛色亦加深，毛多明显长于触角第二节基段直径。楔片黄白，基缘不加深，端角区黑色。膜片淡烟黑褐，脉几同色。足淡污褐色，股节深色点斑较细碎。体下几一色。腹下亚侧缘区有一断续深色纵带纹。

分布：黑龙江、吉林、辽宁、北京、河北、山西、内蒙古自治区、宁夏回族自治区、陕西、甘肃、四川、湖北、河南、山东、江苏、安徽。

寄主：苜蓿、麦类、玉米、高粱、豆类、马铃薯、向日葵、麻类、杨、柳、榆等多种作物及草本、木本植物。

12. 中黑苜蓿盲蝽*Adelphocoris suturalis* (Jakovlev)，1882（图2-12）

形态特征：体长5.5~7.0 mm，宽2.0~2.5mm。狭椭圆形，污黄褐色至淡锈褐色。头锈褐色，额区可具色略深的若干成对的平行横纹带；头部毛淡色，细，较稀；唇基或整个头的前半黑色。触角黄褐，第二节略带红褐色，第三、四节污红褐色，一色。触角毛淡色（第一节斜伸直立黑色大刚毛除外）。喙伸达后足基节。领上的直立大刚毛状毛长，长达为领粗的2~3倍。盘域两侧在胝后不远处各有一黑色较大的圆斑；胝前区及胝区具很稀的刚毛状毛，无闪光丝状平伏毛；盘域毛一型，无闪光丝状毛。盘域具细浅而不规则的刻点或刻皱，毛细淡，几乎平伏。小盾片一色黑褐，具横皱，毛约同半鞘翅。爪片内半沿接合缘为两侧平行的黑褐色宽带，与黑色的小盾片一起致使体中线成宽黑带状。革片内角与中部纵脉后部1/3之间为一黑褐斑，斑的前缘部分渐淡，革片内援狭窄地淡色；爪片与革片毛二型，均为淡色，相对不甚平伏而略显蓬松状；闪光丝状毛细，易与刚毛状毛混同。楔片最末端黑褐色。膜片黑褐色。刻点甚细密而浅。后足股节具黑褐色及一些红褐色点斑，成行排列。体下方在胸部侧板、腹板各足基节及腹部腹面可有黑斑，变异较大。

分布：黑龙江、吉林、河北、内蒙古自治区、甘肃、四川、贵州、湖北、河南、山东、江苏、安徽、江西、浙江、广西壮族自治区；朝鲜，日本，俄罗斯。

寄主：苜蓿、棉花、毛苕子及锦葵科、豆科、菊科、伞形花科、十字花科、蓼科、唇形花科、大戟科、忍冬科、玄参科、石竹科、苋科、旋花科、藜科、胡麻科等植物。

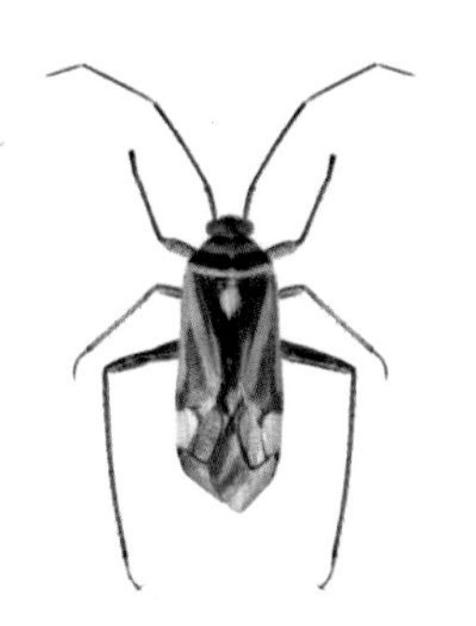
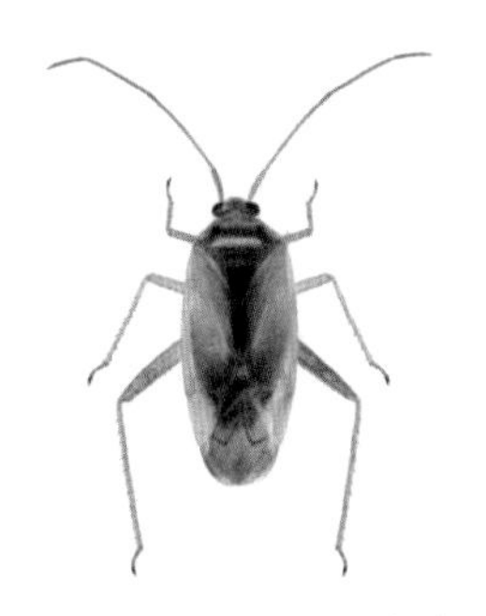

图2–11　三点苜蓿盲蝽　　图2–12　中黑苜蓿盲蝽

13. 牧草盲蝽*Lygus pratensis* (Linnaeus)，1758（图2–13）

形态特征：体长5.5~7.5mm。椭圆形，相对略狭长。底色黄，污黄褐色或略带红色色泽；有光泽。头部黄色；额无成对平行横棱；唇基常有深色中纵带纹，端部有时黑褐色；上颚片与下颚片的交界处常深色；颊有时深色。额略宽于眼宽。触角黄，第1节腹面具黑色纵纹；第2节基部与端段黑褐色；第3、4节黑色。喙伸达后足基节。前胸背板胝色淡、橙黄色或更深而成一对深色大斑块状；背板前侧角可有一小黑斑；后侧角有时具黑斑；胝内缘或内、外缘可各成黑斑状；胝后各有1~2个黑色斑或黑色短纵带，中央一对较长，伸达盘域中部，或达后部而后缘黑横带相连；侧缘可有黑斑带，后缘区亦同。前胸侧板可有小黑斑，有时伸达背面。盘域刻点浅或较深，密度中等。前胸侧板有小黑斑。小盾片只在基部中央具1–2条黑色纵斑带；或为一对相互靠近的三角形小斑，末端向后，成二叉状；或伸长而成一端部二叉的黑色中央宽带；或二带完全愈合成完整而末端平截的宽带，基部较宽，向端渐狭，长短不一；或在基部中央有一宽短的小三角形黑斑。半鞘翅淡黄色、黄绿或淡红褐色，革片端部常色加深成界限模糊的红褐色或锈褐色斑，脉有时红色；爪片端角以及革片外端角一般无黑斑；革片后部刻点较深而密，刻点间距离约与刻点直径相等或更短；毛短，密度中等，均匀分布，毛的末端伸达后一毛的基部，不叠覆。缘片最外缘黑。楔片末端黑；最外缘淡色，部分个体基部黑色。足同体色，后足股节端具2褐色环。

分布：黑龙江、吉林、辽宁、北京、河北、山西、内蒙古自治区、青海、陕西、甘肃、新疆维吾尔自治区、四川、河南、山东、安徽；欧洲，美洲。

寄主：苜蓿、甜菜、豆科牧草、麦类、水稻、玉米、谷子、糜子、豆类、棉花、苹果、梨、桃、杏、杨、榆、沙枣、花棒等。

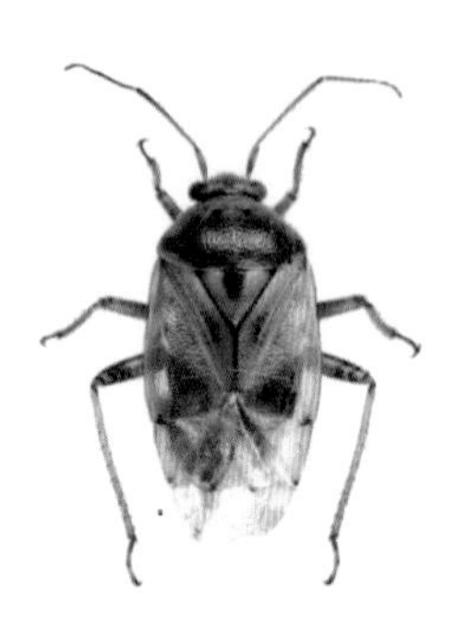

图2-13 牧草盲蝽

14. 小长蝽*Nysius ericae* (Schilling)，1829（图2-14）

形态特征：雄虫体长3.5~4.6mm。长椭圆形。头淡褐色至棕褐色，每侧在单眼处有一条黑色纵带，较宽。复眼后方常黑色，复眼与前胸背板接近，眼面无毛。头密被丝状平伏毛，无平伏毛。触角褐色，第4节长度等于或略大于第2节。喙伸达后足基节后缘。头下方黑，小颊白色，向后渐狭，下缘较直，终于近头后缘处。

前胸背板污黄褐色，胝区处成一条宽黑横带，中央往往向后延伸成一条黑色短纵带；具短平伏毛；梯形，宽大于长，前缘较平，前角不宽圆，侧缘较凹，后缘两侧成短叶状后伸；具均匀而较密刻点。小盾片铜黑色，有时两侧各有一块大黄斑；被平伏毛，后半有时具中脊。前翅爪片及革片淡白色，半透明，翅面具平伏毛，无直立毛，无刻点，前缘基部1/4直，然后均匀向后微拱，革片脉上具断续的黑斑，端缘脉上尤显。膜片无色，半透明。腹下大部分黑色，边缘常具黄色斑，或连成黄色边。雌虫与雄虫相似，但腹下基半黑，后半两侧黑，向中部出现一些斑驳的淡色斑连成的纵纹，至中央全部为淡黄褐色。

分布：北京、天津、河北、内蒙古自治区、陕西、甘肃、西藏自治区、四川、河南、浙江；古北区，北美。

寄主：苜蓿、谷子、高粱、玉米、小麦、豆类、烟草、果树及杂草。

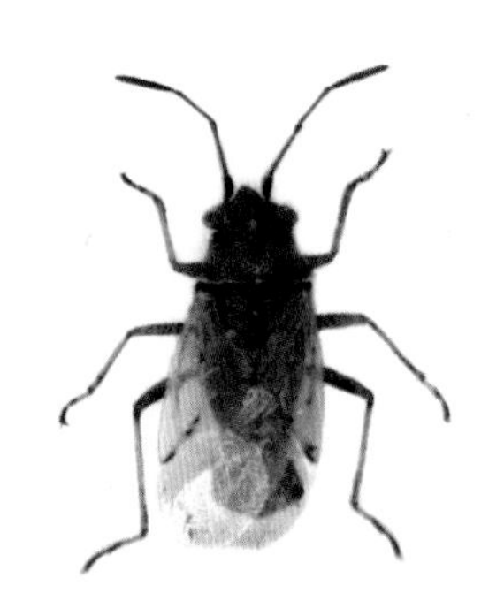

图2–14　小长蝽

15. 斑须蝽*Dolycoris baccarum* (Linnaeus)，1758（图2–15）

形态特征：成虫体长8~13.5mm，宽5.5~6.5mm。椭圆形，黄褐或紫色，密被白色绒毛和黑色小刻点。复眼红褐色。触角5节，黑色，第1节、第2~4节基部及末端及第5节基部黄色，形成黄黑相间。喙端黑色，伸至后足基节处。前胸背板前侧缘稍向上卷，呈浅黄色，后部常带暗红。小盾片三角形，末端钝而光滑，黄白色。前翅革片淡红褐或暗红色，膜片黄褐，透明，超过腹部末端。侧接缘外露，黄黑相间。足黄褐至褐色，腿节、胫节密布黑刻点。

分布：宁夏回族自治区、华北、东北地区；日本，欧洲，西伯利亚等。

寄主：苜蓿、禾本科牧草等。

16. 西北麦蝽*Aelia sibirica* Reuter，1884（图2–16）

形态特征：体长约10.5mm，宽4.5mm；土黄褐色、黄色浓。前胸背板及小盾片表面平整，没有刻点的淡色光滑纵纹很少，但前胸背板及小盾片纵中线两侧的黑带较窄，前胸背板侧缘黑带亦较窄，前胸背板纵中线在中部靠前处最宽，小盾片纵中线在基部最宽，均不成细线状。前翅革片沿淡色的外缘及径脉内侧有一淡黑色纵纹；各足腿节无明显黑斑。

分布：山西、内蒙古自治区、宁夏回族自治区、青海、新疆维吾尔自治区；俄罗斯，中亚，南亚。

寄主：苜蓿、麦类及禾本科牧草。

图2-15　斑须蝽

图2-16　西北麦蝽

（引自《昆虫世界》：www.insecta.cn）

17. 红楔异盲蝽*Polymerus cognatus* (Fieber)，1858（图2-17）

分布：黑龙江、吉林、北京、天津、河北、河南、山东、山西、内蒙古自治区、甘肃、陕西、新疆维吾尔自治区、四川；蒙古，俄罗斯，欧洲，北非。

寄主：苜蓿、三叶草、草木樨等豆科植物及荞麦、甜菜、菠菜等蓼科植物、马铃薯、亚麻、红花、胡萝卜等。

18. 苜蓿夜蛾*Heliothis viriplaca* (Hufnagel)，1766（图2-18）

异名：*Phalaena viriplaca* Hufnagel，1766、*Phalaena dipsacea* Linnaeus，1767、*Heliothis dipsacea* Chen，1982、*Chlorifea dipsacea* Hampson，1903。

形态特征：雄虫体长13.8~16.2mm，翅展25.0~37.8mm。头部浅灰褐带霉绿色。胸部浅灰褐带霉绿色。前翅灰黄带霉绿色，环纹只现3个黑点，肾纹有几个黑点，中线呈带状，外线黑褐色锯齿形，与亚端线间呈污褐色；后翅赭黄色，中室及亚中褶内半带黑色，横脉纹与端带黑色。腹部霉灰色，各节背面具微褐横条。雌虫与雄虫相似。

分布：黑龙江、辽宁、吉林、天津、河北、内蒙古自治区、青海、宁夏回族自治区、陕西、甘肃、新疆维吾尔自治区、云南、河南、江苏；印度、缅甸、日本、叙利亚、欧洲。

寄主：苜蓿、豌豆、大豆、玉米、大麻、亚麻、马铃薯、棉花、甜菜、苹果、柳穿鱼、矢车菊、芒柄花等。

图2-17 红楔异盲蝽

（引自《昆虫世界》：www.insecta.cn）

图2-18 苜蓿夜蛾

19. 棉铃虫*Helicoverpa armigera* (Hübner)，1809（图2-19）

异名： *Noctua armigera*、*Heliothis armigera*。

形态特征： 雄虫翅展30.5~38.5mm。头部灰褐色或青灰色。胸部灰褐色或青灰色。前翅青灰色或红褐色，基线、内线、外线均双线褐色，环、肾纹褐边，中线、亚端线褐色，外线与亚端线间常带暗褐色或霉绿色；后翅白色，端带黑褐色。腹部浅灰褐色或浅青色。雌虫与雄虫相似。

分布： 全国各地；世界各地。

寄主： 苜蓿、三叶草等豆科牧草以及棉花、小麦、玉米、豌豆等。

图2-19 棉铃虫

20. 甜菜夜蛾*Spodoptera exigua* (Hübner)，1808（图2-20）

异名： *Noctua exigua* Hübner，1808、*Laphygma exigua*、*Heliothis dipsacea*、*Chlorifea dipsacea*。

形态特征：雄虫翅展19.2~25.5mm。头部灰褐色。胸部灰褐色。前翅灰褐色，基线仅前端可见双黑纹，内、外线均双线黑色，内线波浪形，剑纹为一黑条，环、肾纹粉黄色，中线黑色波浪形，外线锯齿形，双线间的前后端白色，亚端线白色锯齿形，两侧有黑点；后翅白色，翅脉及端线黑色。腹部浅褐色。雌虫与雄虫相似。

分布：黑龙江、吉林、辽宁、河北、宁夏回族自治区、新疆维吾尔自治区、青海、陕西、甘肃、河南、山东及长江流域。

寄主：藜、蓼、苋、菊等科杂草及苜蓿、甜菜、蔬菜、棉、麻、烟草。

图2-20　甜菜夜蛾

21. 草地螟*Loxostege sticticalis* (Linnaeus)，1761（图2-21）

异名：*Loxostege fuscalis*。

形态特征：雄虫体小型，长8.0~10.0 mm，翅展14.2~26.5mm。淡灰褐色。触角鞭状。前翅灰褐色，外缘有淡黄色的条纹，顶角内侧前缘具1不明显的三角形淡黄色小斑。沿外缘有明显的淡黄色波状纹，外缘有类似前翅外缘的条斑。后翅灰色，靠近翅基部较淡，外缘具2黑色平行波纹。静止时两翅叠合成三角形。雌虫与雄虫相似。

分布：吉林、北京、河北、山西、内蒙古自治区、宁夏回族自治区、青海、陕西、甘肃、江苏；朝鲜、日本、印度、意大利、奥地利、波兰、匈牙利、捷克斯洛伐克、罗马尼亚、保加利亚、德国、俄罗斯、美国、加拿大。

寄主：苜蓿、大豆、玉米、向日葵、马铃薯、甜菜及禾本科作物等。

图2-21 草地螟

22. 尖锥额野螟*Loxostege verticalis* Linnaeus，1758（图2-22）

形态特征：翅展26~28mm。体淡黄色。头、胸和腹部褐色。下唇须下侧白色。前翅各脉纹颜色较暗，内横线倾斜，弯曲，波纹状，中室内有1块环带和卵圆形的中室斑，外横线细锯齿状，由翅前缘向Cu_2附近伸直，又沿着Cu_2到翅中室角以下收缩；后翅外横线浅黑色，向Cu_2附近收缩，亚缘线弯曲波纹状，缘线暗黑色，翅反面脉纹与斑纹深黑色。

分布：黑龙江、北京、河北、山东、陕西、甘肃、青海、新疆维吾尔自治区、四川、云南、江苏；朝鲜，日本，印度，俄罗斯，欧洲。

寄主：甜菜、苜蓿、豆类、向日葵、马铃薯、麻类、蔬菜、棉花、枸杞、药材等。

图2-22 尖锥额野螟

（引自《沈阳昆虫原色图鉴》）

23. 斑缘豆粉蝶*Colias erate* Esper，1805（图2-23）

形态特征：体长约20mm，翅展约50mm。雄虫翅黄色，前翅外缘有宽阔的黑色区，其中，有数个黄色斑，中室端有一个黑点，后翅外缘的黑斑相连成列，中室端部有橙黄色圆点，后翅圆斑银白色，周围褐色。雌虫有黄白两型。

分布：除西藏自治区外，全国各地均有分布。

寄主：苜蓿、三叶草等豆科牧草。

图2-23　斑缘豆粉蝶

24. 麦牧野螟*Nomophila noctuella* (Denis et Schiffermüller)，1775（图2-24）

形态特征：翅展23~30mm，体灰褐色。下唇须下侧白色，腹部两侧有白色成对条纹。前翅中室基部下半部有1个黑色斑纹，中室中央与中室下方各有1个边缘深色的褐色原斑及1个肾形圆斑，外横线锯齿状，在Cu_1到中室末端收缩，亚缘线深锯齿状，缘线锯齿状；后翅颜色较浅，翅顶部分色略深，翅缘毛末端白色。

分布：宁夏回族自治区（平罗、银川、盐池、中宁、中卫）、江西、内蒙古自治区、河北、陕西、山东、河南、江苏、湖北、台湾、广东、四川、云南；日本、印度、欧洲、北美洲。

寄主：甜菜、苜蓿、豆类、向日葵、马铃薯、麻类、蔬菜、棉花、枸杞、药材等。

图2-24　麦牧野螟

（引自《沈阳昆虫原色图鉴》）

25. 苜蓿叶象*Hypera postica* (Gyllenhal)，1813（图2-25）

异名：*Hypera variabilis*。

形态特征：雄虫体长4.4~6.6mm，宽2.0~2.6mm。全身覆盖黄褐色鳞片。头部黑色。触角11节，膝状。柄节1节，约与索节前5节等长；索节7节，第1索节最长，第2索节次之，后5节很短，约等长，逐节变粗；棒3节，端部还有1很小不易辨认的节，一般不另算1节。触角沟直。喙细长，非常弯曲。前胸背板有2条较宽的褐色纵条纹，中间夹有一条细的灰线。鞘翅上有3段等长的深褐色纵条纹，靠近前胸背板的1段纵条纹最粗，逐段变细。腹部黑色。

雌虫：与雄虫相似。

分布：内蒙古、甘肃、新疆维吾尔自治区；英国，中亚细亚，北美洲。

寄主：苜蓿、三叶草等。

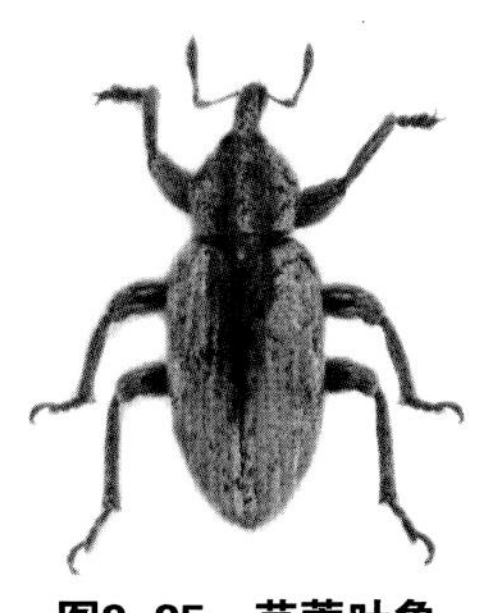

图2-25 苜蓿叶象

26. 苜蓿籽象*Tychius medicaginis* Brisout，1863（图2-26）

形态特征：成虫体长2.3~2.8mm（不包括喙），体暗棕色。头部着生较小的黄白色鳞片，自触角着生处至喙末端为棕黄色，无鳞片。前胸背板密布由两侧斜向背中央的黄白色鳞片，并相遇成背中线。鞘翅鳞片黄白色，合缝处有淡色鳞片4列组成的条纹。纵行条纹之间，有不整齐的刻点。胸足基节和转节黑色，其他各节棕黄色。爪为双枝式，内侧1对较外侧的小。第二腹片两侧向后延伸成三角形，完全盖住第三腹片的两侧。

分布：新疆维吾尔自治区、甘肃等地。

寄主：苜蓿、三叶草、草木樨等。

27. 草木樨籽象*Tychius meliloti* Stephens，1831（图2-27）

形态特征：成虫体长2.3~2.4mm（不包括喙），体灰色，喙长明显短于前胸背板，复眼不突出于头部的轮廓。胸部鳞片较窄，末端较尖，以白色为主，兼有黄色。在鞘翅缝合处有较大的白色鳞片组成的条纹，胸足基节、转节、腿节均为黑色，胫节和附节为棕色。雄性前足胫节内侧近基部2/5处有一刺突。腹部第二腹片向后延伸更多，超过第三腹片，并略盖住第四腹片的前沿。

分布：新疆维吾尔自治区、甘肃等地。

寄主：苜蓿、三叶草、草木樨等。

图2–26　苜蓿籽象

图2–27　草木樨籽象

（引自《昆虫世界》: www.insecta.cn）

28. 甜菜象甲*Bothynoderes punctiventris* (Germai)，1794（图2–28）

形态特征：成虫体长12~16mm，长椭圆形。体、翅基底黑色，密被灰至褐色鳞片。前胸灰色鳞片形成5条纵纹。鞘翅上褐色鳞片形成斑点，在中部形成短斜带，行间4基部两侧和翅瘤外侧较暗。足和腹部散布黑色雀斑。喙长而直，端部略向下弯，中隆线细而隆，长达额，两侧有深沟。额隆，中间有小窝。鞘翅上行纹细，不太明显，行间扁平，3行、5行、7行较隆。

分布：黑龙江、北京、河北、山西、内蒙古自治区、宁夏回族自治区、陕西、甘肃、青海、新疆维吾尔自治区；土耳其，俄罗斯，欧洲。

寄主：禾本科、豆科牧草。

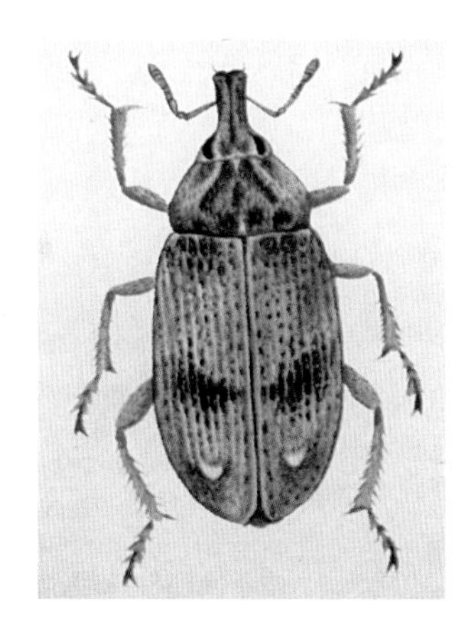

图2-28 甜菜象甲

（引自《宁夏农业昆虫图志》）

29. 苜蓿籽蜂*Bruchophagus roddi* (Gussakovsky)，1933（图2-29）

形态特征：雌蜂平均体长1.91~1.97mm，体宽0.56~0.60mm。全体黑色，头大，有粗刻点。复眼酱褐色，单眼3个，着生于头顶呈倒三角形排列。触角平均长为0.61~0.65mm，共10节，柄节最长，索节5节，棒节3节。胸部特别隆起，具粗大刻点和灰色绒毛。前胸背板宽为长的两倍以上，其长与中胸盾片的长度约相等，并胸腹节几乎垂直。足的基节黑色，腿节黑色下端棕黄色，胫节中间黑色两端棕黄色。胫节末端均有短距1根。翅无色，前翅缘脉和痣脉几乎等长。平均翅展3.39~3.51mm。腹部近卵圆形，有黑色反光，末端有绒毛。产卵器稍突出。外生殖器第二负瓣片端部和基部的连线与第二基支端部和基部的连线之间的夹角大于20°，小于40°，第二负瓣片弓度较小。

雄蜂体黑色，体型略小。形态特征与雌蜂相似。平均体长1.60~1.66mm，平均体宽0.47~0.49mm。平均触角长0.83~0.87mm，共9节，第3节上有3~4圈较长的细毛，第4至第8节各为2圈，第9节则不成圈。平均翅展2.93~3.05mm。腹部末端圆形。

分布：新疆维吾尔自治区、甘肃、内蒙古自治区、陕西、山西、河北、河南、山东、辽宁等省区

寄主：苜蓿、三叶草、草木樨、沙打旺、紫云英、鹰嘴豆、百脉根、骆驼刺等。

30.东北大黑鳃金龟*Holotrichia diomphalia* (Bates)，1888（图2–30）

形态特征：成虫体长16~21mm，宽8~11mm，黑色或黑褐色具光泽。触角10节，鳃片部3节，共为褐色或赤褐色，前胸背板两侧弧扩，最宽处在中间。鞘翅长椭圆形，于1/2后最宽，每侧具4条明显纵肋。前足胫节具3外齿，爪双爪式，爪腹面中部有竽直分裂的爪齿。雄虫瓣臀节腹板中间具显显的三角形凹坑；雌虫瓣臀节腹板中间无三角坑，具1横向枣红色棱形隆起骨片。

分布：东北、华北各省区。

寄主：苏丹草、羊草、披碱草、狗尾草、猫尾草、燕麦、早熟禾、黑麦草、羊茅、狗牙根、红豆草、三叶草、苜蓿等。

图2–29　苜蓿籽蜂

图2–30　东北大黑鳃金龟

（引自《辽宁甲虫原色图鉴》）

31. 华北大黑鳃金龟*Holotrichia oblita* (Faldermann)，1835（图2–31）

形态特征：与东北大黑鳃金龟极相似。不同处在于：本种唇基前缘中凹较显（前者微凹）；雄虫臀板隆凸顶尖圆尖（前者顶尖横宽，为一纵沟从中均分为2小圆丘）；雄虫触角鳃片部约等于其前节长之和（前者显长于前6节长之和）。

分布：黄淮海地区。

寄主：苏丹草、羊草、披碱草、狗尾草、猫尾草、燕麦、早熟禾、黑麦草、羊矛、狗牙根、红豆草、三叶草、苜蓿等。

图2–31 华北大黑鳃金龟

（引自《辽宁甲虫原色图鉴》）

32. 黄褐丽金龟*Anomala exolea* Faldermann，1835（图2–32）

形态特征：成虫：体长15~18mm，卵圆形，黄褐色，有金黄色、绿色闪光。头部褐色，复眼黑色。唇基、额和头顶密布细点刻、触角黄褐至褐色，有细毛，端部3节片状部比前两种显著长。前胸背板两侧不很突出，前缘较平直，中央稍突起。后缘中央显著突出，前胸背板周缘有细边，密布细点刻，两侧有稀疏细毛，后缘中央向后生金黄色毛。小盾片横三角形，前缘凹入，暗褐色，密布点刻。鞘翅在2/3处最宽，肩角明显，有点刻构成的纵沟纹多条。足黄褐色，前胫节端部和外侧中部有尖齿，内侧中部有短距，中、后胫节外侧中部有刺毛丛，端部各有1对端距和数个小刺，爪长而简单。胸腹部腹面和足都有黄毛，胸部腹面和胫节内侧的毛密而长，腹部腹面的毛较稀而短，跗节各亚节端部有稀疏长毛，下面各有褐色尖刺2个。

分布：除西藏自治区、新疆维吾尔自治区无报道外，分布其他各省区。

寄主：苏丹草、羊草、披碱草、狗尾草、猫尾草、燕麦、早熟禾、黑麦草、羊矛、狗牙根、红豆草、三叶草、苜蓿等。

33. 铜绿丽金龟*Anomala corpulenta* Motschulsky，1853（图2–33）

形态特征：成虫：体长16~22mm，宽8.3~12mm。长椭圆形，体背面铜绿色具光泽。鞘翅色较浅，呈淡铜黄色，腹面黄褐色，胸腹面密生细毛，足黄褐色，胫节、跗节深褐色。

头部大、头面具皱密点刻，触角9节鳃叶状，棒状部3节黄褐色，小盾片近半圆形，鞘翅具肩凸，左、右鞘翅上密布不规则点刻且各具不大明显纵肋4条，边缘具膜质饰边。臀板黄褐色三角形，常具形状多变的古铜色或铜绿色斑点1~3个，前胸背板大，前缘稍直，边框具明显角质饰边；前侧角向前伸尖锐，侧缘呈弧形；后缘边框中断；后侧角钝角状；背板上布有浅细点刻。腹部每腹板中后部具1排稀疏毛。前足胫节外缘具2个较钝的齿；前足、中足大爪分叉，后足大爪不分叉。

分布：除西藏自治区、新疆维吾尔自治区无报道外，分布其他各省区。

寄主：苏丹草、羊草、披碱草、狗尾草、猫尾草、燕麦、早熟禾、黑麦草、羊矛、狗牙根、红豆草、三叶草、苜蓿等。

图2-32　黄褐丽金龟
（引自《辽宁甲虫原色图鉴》）

图2-33　铜绿丽金龟
（引自《辽宁甲虫原色图鉴》）

34. 东方绢金龟*Serica orientalis* Motschuisky，1857（图2-34）

异名：*Maladera orientalis*。

形态特征：雄虫体长6.0~9.0 mm，宽3.5~5.5mm。体小型，近卵圆形。棕褐色或黑褐色，少数淡褐色，体表较粗而晦暗，有微弱丝绒般闪光。头大。唇基油亮，无丝绒般闪光，布挤皱刻点，有少量刺毛，中央微隆凸。额唇基缝钝角形后折。额上刻点较稀较浅，头顶后头光滑。触角9节，少数10节，鳃片部由后3节组成。前胸背板短阔，后缘无边框。小盾片长大三角形，密布刻点。前足胫节外缘2齿；后足胫节较狭厚，布少数刻点，胫端2端距着生于跗节两侧。鞘翅有9条刻点沟，沟间带微隆拱，散布刻点，缘折有成列纤毛。胸部腹板密被绒毛。腹部每腹板有1排毛。臀板宽大三角形，密布刻点。雌虫与雄虫相似。

分布：黑龙江、吉林、辽宁、北京、天津、河北、山西、内蒙古自治区、宁夏回族自治区、青海、陕西、甘肃、四川、贵州、湖北、河南、山东、江苏、安徽、浙江、福建、台湾；蒙古，日本，朝鲜，俄罗斯。

寄主：成虫危害苜蓿、大豆、绿豆、花生、棉花、麻类、玉米、高粱、小麦、苹果、杨、榆、柳、桑、沙枣、刺槐、核桃等，幼虫危害各种作物地下部分。

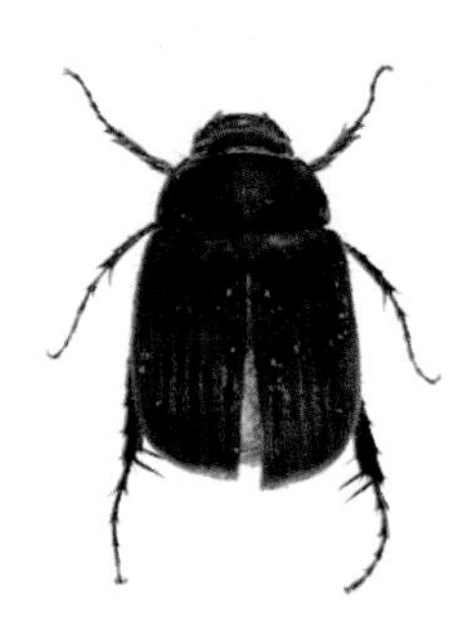

图2-34　东方绢金龟

35. 白星花金龟*Protaetia (Liocola) brevitarsis* (Lewis)，1879（图2-35）

异名：*Cetonia brevitarsi*、*Potosia brevitarsi*。

别名：白星花潜、白纹铜色金龟、白星金龟子、铜克螂。

形态特征：雄虫体长17.6~22.5mm，宽11.5~12.8mm。体中型到大型，狭长椭圆形。古铜色、铜黑色或铜绿色，光泽中等，布左右大致对称的白色绒斑。头部唇基俯视呈近六边形，前缘近横直，弯翘，中段微弧凹，两侧隆棱近直，左右约平行，布紧密刻点刻纹。触角10节，鳃片部由后3节组成。棕黑色。前胸背板前窄后阔，前缘无边框，侧缘略呈“S”形弯曲，侧方密布斜波形或弧形刻纹，散布大量乳白绒斑，有时沿侧缘有带状白纵斑。小盾片长三角形。中胸腹突基部明显缢缩，前缘微弧弯或近横直。前足胫节外缘3锐齿，内缘距端位。跗节短壮，末节端部具一对近锥形爪。鞘翅侧缘前段内弯，表面多绒斑，较集中的可分为6团，团间散布小斑。腹部臀板有6绒斑。腹板密被绒毛，两侧具条纹状斑。雌虫与雄虫相似。

分布：黑龙江、吉林、辽宁、北京、河北、山西、内蒙古自治区、宁夏回族自治区、青海、陕西、甘肃、西藏自治区、四川、云南、湖北、湖南、河南、山东、江苏、安徽、江西、浙江、福建、台湾；日本，朝鲜，俄罗斯，蒙古。

寄主：豆科、禾本科牧草。

图2-35 白星花金龟

36. 阔胸禾犀金龟*Pentodon mongolicus* Motschulsky，1848（图2-36）

异名：*Pentodon patruelis* Frivaldszky，1890。

形态特征：雄虫体长17.2~25.8mm，宽9.4~14.0 mm。体中型至大型，短壮卵圆形，背面隆拱。赤褐色或黑褐色，腹面着色常较淡。头阔大。唇基长大梯形，密布刻点，前缘平直，两端各呈一上翘齿突，侧缘斜直。额唇基缝明显，由侧向内微向后弯曲，中央有1对疣凸，疣凸间距约为前缘齿距的1/3。额上刻纹粗皱。触角10节，鳃片部由后3节组成。前胸背板宽，十分圆拱，散布圆大刻点，前部及两侧刻点皱密，侧缘圆弧形，后缘无边框，前侧角近直角形，后侧角圆弧形。前胸垂突柱状，端面中央无毛。足粗壮。前足胫节扁宽，外缘3齿，基齿中齿间有1小齿，基齿以下有小齿；后足胫节胫端缘有17~24刺。鞘翅纵肋隐约可辨。腹部臀板短阔微隆，散布刻点。雌虫与雄虫相似。

分布：黑龙江、吉林、辽宁、北京、河北、山西、内蒙古自治区、宁夏回族自治区、青海、陕西、甘肃、河南、山东、江苏、浙江；蒙古。

寄主：豆科、禾本科牧草。

图2-36 阔胸禾犀金龟

37. 异形琵甲*Blaps (Blaps) variolosa* Faldermann，1835（图2-37）

异名：*Blaps tschiliana* Wilke，1921。

形态特征：雄虫体长26.0~28.5mm，宽9.0~10.5mm。体大型，粗壮，亮黑色。唇基前缘直；额唇基沟明显；头顶平坦，圆刻点粗大稠密。触角粗壮，长超过前胸背板基部；第2~7节圆柱形，第7节较宽，第8~10节圆球形，末节尖卵形。前胸背板近方形；前缘弧凹，饰边不明显；侧缘扁平，中部最宽，向前强烈、向后虚弱收缩，饰边完整；基部微凹，饰边宽裂；前角圆钝，后角直略锐角形，略后伸；盘区拱起，周缘压扁，刻点圆而粗密，在周缘汇合。前胸侧板纵皱纹粗大稠密；前胸腹突中沟深，垂降。鞘翅粗壮；侧缘弧形，中部之前最宽，饰边完整可见；盘区略隆，有粗糙横皱纹，沿翅缝有纵凹，翅坡急剧降落；翅尾长约3.0~4.0 mm，两侧平行，顶圆，具背纵沟，端部略弯下。肛节中间扁凹；第1、2可见腹板间无毛刷。前足腿节棒状，胫节外侧直，内侧略弯；后足第1跗节不对称。雌虫体长25.0~27.5mm，宽10.0~12.0 mm。与雄虫相似，但翅尾较短（2.5~3.0 mm）。

分布：内蒙古自治区、陕西、甘肃、宁夏回族自治区；俄罗斯、蒙古、土库曼斯坦。

寄主：杂。

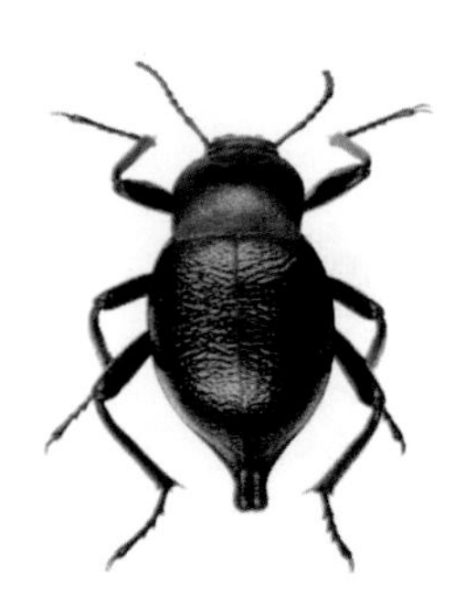

图2-37 异形琵甲

38. 皱纹琵甲*Blaps (Blaps) rugosa* Gebler，1825（图2-38）

异名：*Blaps scabripennis* Faldermann，1835、*Blaps variolosa* Fischer von Waldheim，1844、*Blaps variolota* Gemminger，1870。

形态特征：雄虫体长15.0~22.0 mm，宽7.5~9.5mm。体宽卵形，黑色，弱光亮。

上唇椭圆形，圆刻点稠密，前缘弧凹，棕色刚毛稠密；唇基前缘平直，侧角略前伸，侧缘与前颊连接处有浅凹，额唇基沟明显；前颊较眼窄；头顶中央隆起，粗圆刻点稠密。触角粗短，长达前胸背板中部；第3节最长，为第4节2.0倍，第4~6节短，长宽近相等，第7节圆柱形，第8~10节横球形，末节卵形，端4节端部具稠密短毛和少量长毛。颏椭圆形，粗糙，前缘直。前胸背板近方形，宽大于长1.1倍，前缘、最宽处、基部的较宽度比为：3.5，4.7，4.0；前缘弧凹，饰边宽断；侧缘端1/4略收缩，中后半部近平行，细饰边完整；基部中间平直，两侧弱弯，无饰边；前角圆直角形，后角尖锐且略后伸；盘区端部略向下倾斜，中部略隆起，基部扁平，中纵沟明显或不明显，圆刻点稠密，较其间距略宽。前胸侧板有纵皱纹浅，在基节窝附近较清晰，散布稀疏小颗粒；前胸腹突中凹，垂直下折，末端较平并具毛。中、后胸具稠密小颗粒。小盾片小，多数隐藏，直三角形，被黄白色密毛。

鞘翅卵形，长大于宽1.9倍；基部较前胸背板基部宽；侧缘长弧形，背观不见饰边全长；盘区圆拱，横皱纹短且明显，两侧及端部小颗粒稠密；翅坡降落；翅尾短；假缘折具稀疏细纹和刻点。腹部光亮，第1~3可见腹板中部横纹明显，两侧浅纵纹稠密；端部2节具稠密刻点和细短毛；第 1 、2可见腹板间具红色毛刷。前足胫节直，端部外侧略扩展，端距尖锐，个别钝；中、后足胫节具稠密刺状毛；后足第1跗节不对称，第1~4跗节较长度比为：13.0，3.5，4.5，11.5。阳茎基板长于阳基侧突2.5倍，阳基侧突短，端部较尖，长大于宽1.7倍。雌虫体长17.0~22.0 mm，宽8.0~10.0 mm。雄虫相似，但翅尾不明显；端生殖刺突顶圆，背面具刻点。

分布：河北、内蒙古自治区、辽宁、吉林、陕西、甘肃、青海、宁夏回族自治区；蒙古、俄罗斯。

寄主：杂，农作物、杂草等。

图2-38 皱纹琵甲

39. 北京侧琵甲*Prosodes (Prosodes) pekinensis* Fairmaire，1887（图2-39）

异名：*Prosodes motschulskyi* Frivaldszky，1889、*Prosodes* (*Platyprosodes*) *kreitneri* Reitter，1909。

别名：克氏侧琵甲。

形态特征：雄虫体长21.1~25.0 mm，宽7.6~8.0 mm。体黑色，狭长，背面无光泽，体下有弱光泽；触角栗褐色，口须、胫节端距和腹部中间发红。唇基前缘直，两侧颊角浅凹；前颊外扩，后颊非常突出，向颈部急缩；头顶刻点圆，中央稀疏，两侧渐粗。触角向后长达前胸背板中部；第2~7节圆柱形，第8~10节球形，末节尖心形，第1、7节最粗，第3节长约为第4节1.3倍，第3~7节多毛。前胸背板横宽，宽大于长约1.6倍；前缘凹，无饰边；侧缘圆弧形，从前向中后方渐变宽，在后角之前收缩，外缘翘起；基部宽凹；后角钝角形，中间具缘毛；盘区较平坦，有均匀长圆形刻点，刻点在低陷处拥挤成皱纹状，侧缘后半部宽扁翘。前胸侧板密布纵皱纹；前足基节间腹突中间深凹，其下折部分的端部变宽并向外突出。鞘翅两侧直，中部最宽；翅端强烈下弯；背面布锉纹状小粒和扁皱纹，并向翅端消失；翅下折部分和假缘折有不规则细皱纹。腹部极度隆起，布稀疏小刻点，以肛节最为清楚。所有腿节棒状；后足相对较长；前胫节内缘直，外缘前端深凹，跗节下面有突垫；后胫节长达腹部末端，末跗节最长。雌虫体长24.4~26.5mm，宽8.0~9.5mm。与雄虫相似，但体型较雄性宽大，鞘翅端部平缓弯下。

分布：北京、河北、山西、陕西、甘肃、宁夏回族自治区。

寄主：多食性。

图2-39　北京侧琵甲

40. 沟金针虫*Pleonomus canaliculatus* Faldermann（图2-40）

形态特征：雄虫体长14～18mm，宽约4mm；雌虫体长16～17mm，宽约5mm。雄虫体瘦狭，背面扁平；触角12节，细，约与体等长，第1节粗、棒状、略弓弯，第2节短小，第3～6节明显加和而宽扁，自第6节起，渐向端部趋狭、略长，末节顶端尖锐；鞘翅狭长，两则近平行，端前略狭，末端略尖；足细长。雌虫体宽阔，背面拱隆；触角11节，短粗，后伸鞘翅基部，第3～10节各节基细端粗；鞘翅肥阔，末端钝圆，表面拱凸；足粗短。爪均单尺式。

分布：主要为害区南达长江流域沿岸，北至东北地区南部和内蒙古自治区，西至甘肃、陕西、青海。

寄主：猫尾草、看麦娘、无芒雀麦、狐茅草、鸡脚草以及苜蓿、三叶草等。

41. 细胸金针虫*Agriotes fuscicollis* Miwa（图2-41）

形态特征：体长8mm～9mm，宽约2.5mm，细长，背面扁平，被黄色细绒臣卧毛。头、胸部棕黑色；鞘翅、触角、足棕红色，光高。唇基不分裂。触角着生于复眼前缘，被额分形；触角细短，向后不达前胸后缘车船费1节最粗长，第2节稍长于第3节。自第4节起呈锯齿状，末节圆锥形。前胸背板长稍大于宽，基部与鞘翅等宽，侧边很窄，中部之前明显向下弯曲，直至复眼下缘；后角尖锐，伸向斜后方，顶端多少上翘；表面拱凸，刻点深密。小盾片略仿心脏形，覆毛极密。鞘翅狭长，至端部稍缢尖；每翅具9行纵行深刻点沟。各足跗节1～4节节长渐短，爪单齿式。

分布：南达淮河流域，北至东北以及西北地区。

寄主：猫尾草、看麦娘、无芒雀麦、狐茅草、鸡脚草以及苜蓿、三叶草等。

图2-40 沟金针虫

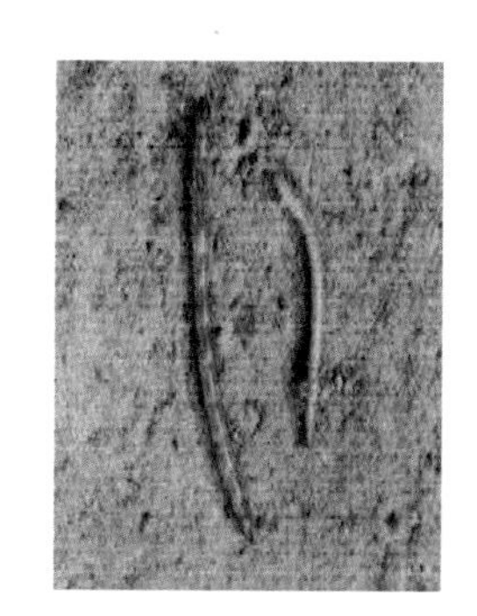

图2-41 细胸金针虫

42. 宽背金针虫*Selatosomus latus* Fabricius（图2-42）

形态特征：雌成虫体长10.5～13.1mm；雄成虫体长9.2～12mm，粗短宽厚。头具粗大刻点。触角短，端不达前胸背板基部，第1节粗大，棒状，第2节短小，略呈球形，第3节比第2节长2倍，从第4节起各节徊呈锯齿状。前胸背板横宽，侧缘具有翻卷的边沿，向前呈圆形变狭，后角尖锐状，伸向斜后方。小盾片横宽，半圆形。鞘翅宽，适度凸出，端部具宽卷边，纵沟窄，有小刻点，沟间突出。鞘翅宽，适度凸出，端部具宽卷边，纵沟窄。体黑色，前胸和鞘翅带有青铜色或蓝色色调。触角暗褐色，足棕褐色，后跗节明显短于胫节。

分布：西达新疆维吾尔自治区，北至内蒙古自治区、黑龙江以及宁夏回族自治区、甘肃等省区。

寄主：猫尾草、看麦娘、无芒雀麦、狐茅草、鸡脚草以及豆科苜蓿、三叶草等。

43. 褐纹金针虫*Melanotus caudex* Lewis（图2–43）

形态特征：成虫体长8mm ~ 10mm，宽约2.7mm。黑褐色，生有灰色短毛。头部凸形，黑色，布粗点刻，前胸黑色，但点刻较头部小。唇基分裂。触角、足暗褐色，触角第2、3节略成球形,第4节较第2、3节稍长，第4节 ~ 10节锯齿状。前胸背板长明显大于宽，后角尖，向生突出。鞘翅狭长，自中部开始向端部逐渐缢尖，每侧具9行列点刻。各足第1跗节 ~ 4跗节节长渐短，爪梳状。

分布：分布于我国华北地区。

寄主：猫尾草、看麦娘、无芒雀麦、狐茅草、鸡脚草以及豆科苜蓿、三叶草等。

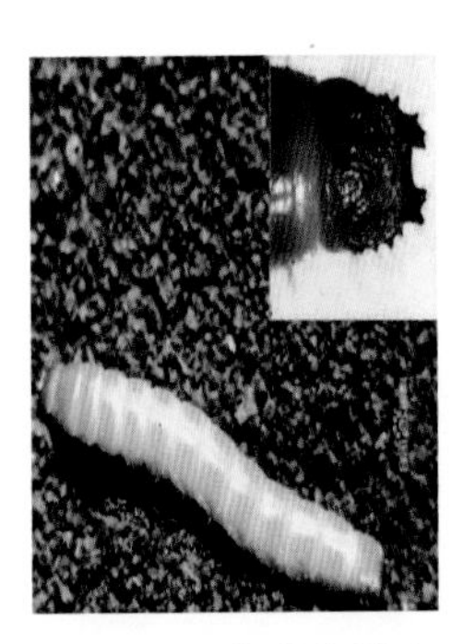

图2–42　宽背金针虫

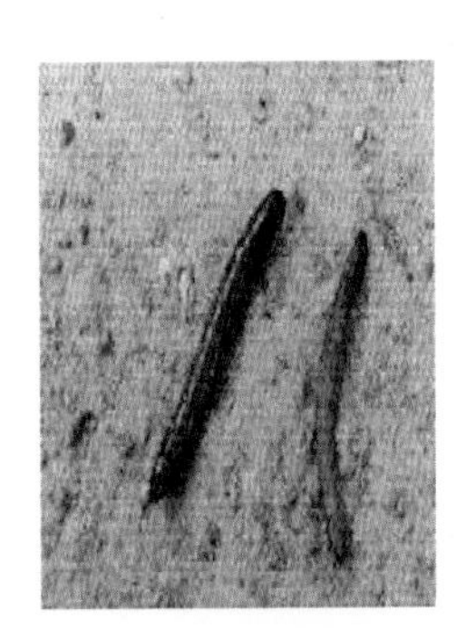

图2–43　褐纹金针虫

44. 苜蓿丽虎天牛*Plagionotus floralis* (Pallas)（图2–44）

形态特征：体长12.5~16mm，宽3.8~4mm。体黑色，具淡黄色绒毛斑纹，腹面被绒毛，中胸前侧片和后胸前侧片的绒毛浓厚。触角和足红棕色，有时前、中足腿节略深暗。头部除后头外，均薄被绒毛。前胸背板有2条横带，分别位于前缘和后缘之前，二横带的两端在侧板处相连接成环。小盾片密被绒毛。每个鞘翅有6个斑纹。复眼下叶大，近三角形，长于其下颊。额横宽，具中纵沟；头部具细密刻点。触角基瘤互相远离，雄虫触角伸至鞘翅中部，雄虫略短；柄节短于第三节，与第四节约等长，2~4节下面具缨毛。前胸背板宽大于长，密布细刻点；小盾片半圆形。翅面密布细刻点。足中等大小，后足第一跗长等于其余3节之和。

分布：新疆维吾尔自治区、宁夏回族自治区。

寄主：苜蓿、三叶草等。

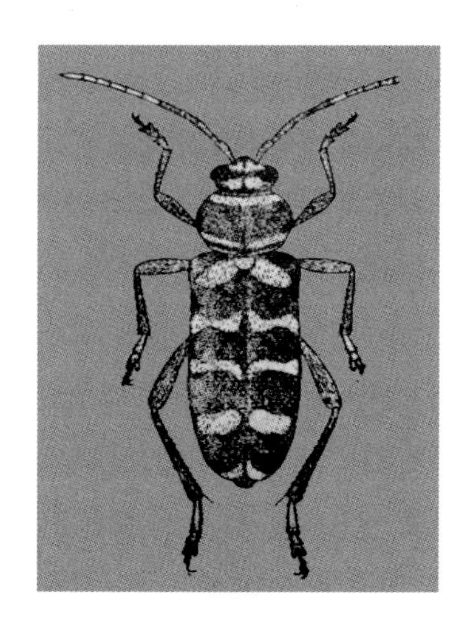

图2-44 苜蓿丽虎天牛

（引自《中国农业昆虫》上册）

45. 豆芫菁Epicauta (Epicauta) gorhami (Marseul)，1873（图2-45）

异名：*Epicauta taishoensis* Lewis，1879。

别名：白条芫菁。

形态特征：雄虫体长10.2~18.8mm，宽2.5~4.8mm。头红色，具棕黑色毛。头顶具1黑色中央纵纹，触角基部具1对黑色“瘤”，有时近复眼内侧亦为黑色。触角11节，第1节长约为宽的2.5倍；第2节的长约等于宽；第3~7节变扁并向一侧展宽，每节外侧各有1条纵凹槽，第3节长三角形，第4~5节倒梯形，宽大于长，第6节长约等于宽，第7节长大于宽；第8~11节长柱形，末节加长。第1~4节一侧暗红色，其余黑色。触角具棕黑色毛。复眼黑色，光裸。下颚须4节，第1节最短，次末节略短于前后两节，末节端部膨大，端弧形，宽三角形。黑色，具白色毛。前胸背板长大于宽，中央具明显纵沟。黑色，两侧及纵沟处具白色毛，其余具黑色毛。前足腿节腹面近端部表面凹陷，此处密生白色软毛；胫节具2暗红色距；跗节5-5-4，前足第1跗节左右侧扁，基部细，端部膨胀，斧状；附爪背叶腹缘光滑无齿。跗节第一节基部和附爪暗红色，其余黑色。足跗节具棕黑色毛，其余具白色毛。鞘翅黑色，侧缘、端缘、中缝和中央纵纹具白色毛，其中，中央纵纹平直，长达末端1/6处，其余具黑色毛。腹部黑色，具白色毛。雌虫与雄虫相似，但触角丝状，前足第1跗节正常柱状。

分布：北京、天津、河北、山西、内蒙古自治区、陕西、四川、贵州、湖北、湖南、河南、山东、江苏、安徽、江西、浙江、福建、广东、广西壮族自治区、海南、台湾、香港；韩国、日本。

寄主：苜蓿、豆类、花生、马铃薯、甘薯、棉花、甜菜、蕹菜等。

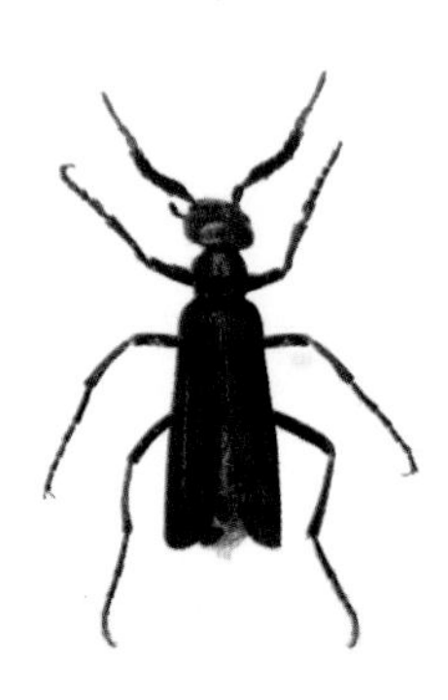

图2-45　豆芫菁

46. 西北豆芫菁*Epicauta (Epicauta) sibirica* (Palla)，1773（图2-46）

异名：*Epicauta pectinata* Goeze，1777、*Epicauta dubia* Fiseher von Waldheim，1823。

形态特征：雄虫体长12.0~20.2mm，宽3.1~5.2mm。头大部分红色，具棕黑色毛。头顶具1暗红色中央纵纹。复眼内侧黑色。触角11节，第1节长约为宽的2倍；第2节的长约等于宽；第3节倒锥状；第4~9节变扁并向一侧展宽，第4~7节倒梯形，第6节最宽，第8~9节倒三角形；第10~11节长柱形，末节加长。第1~2节一侧暗红色，其余黑色。触角具棕黑色毛。复眼黑色，光裸。下颚须4节，第1节最短，次末节略短于前后两节，末节端部膨大，端弧形，宽三角形。每节基部暗红色，其余黑色，具白色和棕黑色毛。前胸背板长略大于宽，中央具纵沟，基部中央凹陷。黑色，具黑色毛。前足腿节腹面近端部表面凹陷，此处密生白色软毛；胫节具2暗红色距；跗节5-5-4，前足第1跗节左右侧扁，基部细，端部膨胀，刀状；附爪背叶腹缘光滑无齿。附爪暗红色，其余黑色。足内侧具灰白色毛，其余具黑色毛。鞘翅黑色，具黑色毛。腹部黑色，具黑色毛。雌虫与雄虫相似，但触角丝状，前足第1跗节正常柱状。

分布：黑龙江、吉林、辽宁、北京、河北、山西、内蒙古自治区、宁夏回族自治区、青海、陕西、甘肃、新疆维吾尔自治区、四川、湖北、河南、江西、浙江、广东；蒙古、日本、俄罗斯、哈萨克斯坦、乌拉尔山脉南部、越南、印度尼西亚。

寄主：玉米、南瓜、向日葵、糜子、甜菜、马铃薯、瓜类、豆类、蔬菜、黄芪及苜蓿等豆科植物等，幼虫取食蝗虫卵。

图2-46　西北豆芫菁

47. 疑豆芫菁*Epicauta (Epicauta) dubia* Fabricius，1781（图2-47）

异名：*Epicauta sibirica* LeConte，1866。

别名：存疑豆芫菁、黑头黑芫菁。

形态特征：雄虫体长12.2~20.5mm，宽3.2~5.4 mm。头大部分黑色，具棕黑色毛。额部中央具1长红斑，两侧后头红色。触角11节，第1节长约为宽的2倍；第2节的长约等于宽；第3~9节变扁并向一侧展宽，第3节长三角形，第4~7节倒梯形，第6节最宽，第8~9节倒三角形；第10~11节长柱形，末节加长。第1–2节一侧暗红色，其余黑色。触角具棕黑色毛。复眼黑色，光裸。下颚须4节，第1节最短，次末节略短于前后两节，但长度与末节相差很小，末节端部膨大，端弧形，宽三角形。每节端部黑色，其余暗红色，具白色毛。前胸背板长略大于宽，中央具纵沟。黑色，具黑色毛。前足腿节腹面近端部表面凹陷，此处密生白色软毛；胫节具2暗红色距；跗节5-5-4，前足第1跗节左右侧扁，基部细，端部膨胀，刀状；附爪背叶腹缘光滑无齿。附爪暗红色，其余黑色。足具黑色毛。鞘翅黑色，具黑色毛。腹部黑色，具黑色毛。雌虫与雄虫相似，但触角丝状，前足第1跗节正常柱状。

分布：黑龙江、吉林、辽宁、北京、河北、山西、内蒙古自治区、宁夏回族自治区、青海、陕西、甘肃、四川、西藏自治区、湖北、江苏、江西；蒙古、朝鲜、韩国、日本、俄罗斯、哈萨克斯坦。

寄主：成虫危害苜蓿、豆类、花生、马铃薯、甘薯、棉花、甜菜、蕹菜等，幼虫捕食性。

图2-47　疑豆芫菁

48. 中华豆芫菁*Epicauta (Epicauta) chinensis* Laporte，1840（图2-48）

别名：中国豆芫菁、中华黑芫菁。

形态特征：雄虫体长12.2~23.5mm，宽3.0~5.5mm。头横向，后头长大于复眼宽，两侧向后加宽，后角变圆，后缘平直；背面刻点粗密，刻点之间的距离小于其宽，表面光亮。红色被灰白毛。额部中央具1长圆形小红斑，两侧后红色。触角长达体中部，第3~10节变扁并向一侧展宽，第3节长三角形，第4~8节倒梯形，第4节基部宽大于长的3倍，第6节最宽，第9、10节倒三角形，末节不具尖。触角基节一侧暗红色，基部6节腹面被灰白毛。下颚须次末节最短，末节端部膨大弧圆，宽三角形。各节基部暗红色，被灰白毛。前胸背板约与头同宽，近前端1/3处最宽，之前突然变狭，之后两侧近乎平行，后缘平直；盘区具1明显的中央纵沟，基部中央亦明显凹陷，刻点与头部的等同，刻点之间光亮。前胸背板两侧、后缘和中央纵沟两侧被灰白毛。足细长。前足胫节平直，具2短距等同，细直尖；后足胫节2短距细直尖，内端距较长。前足第1附节左右侧扁，基部细，端部膨阔、斧状，约为第2附节长的1.5倍，短于胫节长的一半。各足基节，腿节内侧和胫节外侧，前足腿节、胫节和第1、2跗节内侧被灰白毛。鞘翅基部宽于前胸1/3，两侧平行，肩圆而不发达；盘区刻点明显，较前胸的细密，具光泽。侧缘、端缘和中缝被灰白毛。腹部被灰白毛。

雌虫与雄虫相似，但触角基部的“瘤”小；触角丝状；前足第1跗节正常柱状，胫节2短距较长，直细尖。

分布：黑龙江、吉林、辽宁、北京、天津、河北、山西、内蒙古自治区、宁夏回族自治区、陕西、甘肃、新疆维吾尔自治区、四川、湖北、湖南、河南、山东、江苏、安徽、江西、台湾；朝鲜、韩国、日本。

寄主：成虫为害紫苜蓿、穗槐、槐树、豆类、甜菜、玉米、马铃薯等，幼虫食蝗虫卵。

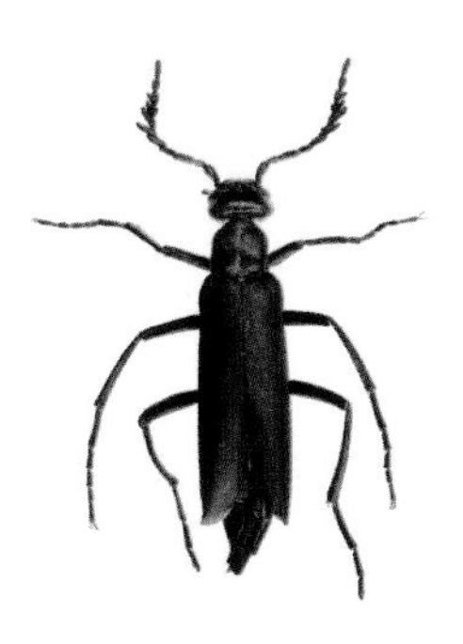

图2-48 中华豆芫菁

49. 红头纹豆芫菁*Epicauta (Epicauta) erythrocephala* (Pallas)，1776（图2-49）

异名：*Epicautalatelineolata* Mulsant & Rey，1858、*Epicauta albivittis* Pallas，1781、*Meloe sonchi* Gmelin，1790、*Meloe lineata* Thunberg，1791。

形态特征：雄虫体长9.1~20.2mm。

头红色，具棕黑色毛。头顶具1黑色中央纵纹，触角基部具1对暗红色“瘤”。触角11节，具棕黑色毛。复眼黑色，光裸。下颚须4节，第1节最短，次末节略短于前后两节，末节端部膨大。黑色，具白色毛。前胸背板中央具明显纵沟。黑色，两侧及纵沟处具白色毛，其余具黑色毛。前足腿节腹面近端部表面凹陷，此处密生白色软毛；胫节具2暗红色距，后足胫节端距细，内端距较长；跗节5-5-4，前足第1跗节加粗，呈柱状；附爪背叶腹缘光滑无齿。跗节第一节基部和附爪暗红色，其余黑色。足跗节具棕黑色毛，其余具白色毛。鞘翅黑色，侧缘、端缘、中缝和中央纵纹具白色毛，其余具黑色毛。腹部黑色，具白色毛。雌虫与雄虫相似。

分布：新疆维吾尔自治区、广东、海南；阿富汗，伊朗，保加利亚，哈萨克斯坦、塔吉克斯坦、乌兹别克斯坦、外高加索、土库曼斯坦、小亚细亚、俄罗斯。

寄主：苜蓿等豆科牧草。

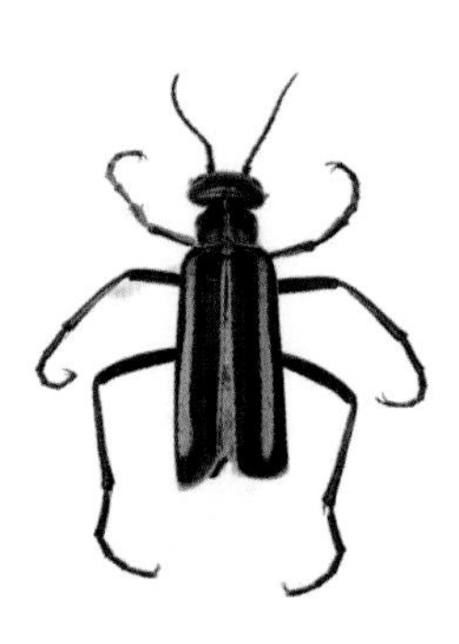

图2-49　红头纹豆芫菁

50. 绿芫菁*Lytta (Lytta) caraganae* (Pallas)，1781（图2-50）

异名：*Lytta pallasi*Gebler，1829。

形态特征：雄虫体长11.0~17.5mm，宽3.2~5.6mm。头部刻点稀疏，金属绿或蓝绿色。额中央具1橙红色斑。触角约为体长的1/3，11节，5~10节念珠状。前胸背板短宽，前角隆起突出，后缘稍呈波浪形弯曲；光滑，刻点细小稀疏；前端1/3处中间有1圆凹洼，后缘中间的前面有1横凹洼。中足腿节基部腹面有1根尖齿；前足、中足第一跗节基部细，腹面凹入，端部膨大，呈马蹄形。鞘翅具细小刻点和细皱纹。铜色或铜红色金属光泽，光亮无毛。雌虫与雄虫相似，但足无雄虫上述特征。

分布：黑龙江、吉林、辽宁、北京、河北、山西、内蒙古自治区、宁夏回族自治区、青海、陕西、甘肃、新疆维吾尔自治区、湖北、湖南、河南、山东、江苏、安徽、浙江、江西、上海；蒙古、朝鲜、日本、俄罗斯。

寄主：成虫为害苜蓿、柠条、黄芪、锦鸡儿、国槐、刺槐、紫穗槐、豆类、花生，幼虫取食蝗虫卵。

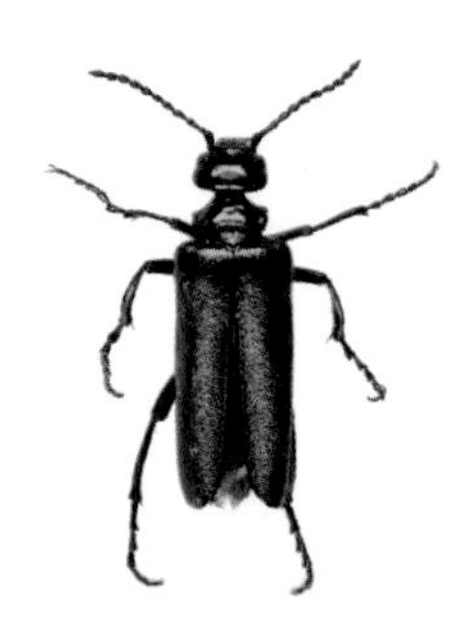

图2-50 绿芫菁

51. 苹斑芫菁*Mylabris (Eumylabris) calida* (Palla)，1782（图2-51）

异名：*Mylabris maculata* A. G. Olivier，1795、*Mylabris bimaculata* A. G. Olivier，1811、*Mylabris cincta* A. G. Olivier，1811、*Mylabris decora* A. G. Olivier，1811、*Mylabris maura* Chevrolat，1840、*Mylabris niligena* Reiehe，1866、*Zonabris latifasciata* Pic，1896、*Zonabris bijuncta* Pic，1897、*Zonabris maroccana* Eseherieh，1899、*Zonabris transcaspica* Eseherieh，1899、*Zonabris baicalica* Pic，1919、*Zonabris bimaculaticeps* Pic，1920、*Zonabris maculata* Eichler，1923、*Zonabris interrupta* Eiehler，1924、*Zonabris tlemceni* Pic，1930。

形态特征：雄虫体长12.0~18.5mm，宽4.2~5.5mm。头黑色，具黑色毛。额部中央一般具2红斑。触角11节。前3节棒状，第1节与第3节几乎等长，第2节约第3节的一半；第4~10节逐渐变粗，但程度不大，各节几乎等长，约为第3节的2/3；末节卵圆形，顶端较圆，加长。触角黑色，具黑色毛。复眼暗红色，光裸。下颚须4节，第1节最短，次末节短于前后两节，末节加粗。黑色，具黑色毛。前胸背板长约等于宽。黑色，具黑色毛。足的胫节具2暗红色距；跗节5-5-4；附爪背叶腹缘具1排齿。跗节第一节基部和附爪暗红色，其余黑色。足具黑色毛。鞘翅底色橙红色至橙黄色，具黑色斑：靠近基部有1对斑；中斑为相连的横斑；靠近端部有1对斑，两个斑有时相互连接形成条纹。鞘翅密布黑色短毛。腹部黑色，具黑色毛。雌虫与雄虫相似。

分布：黑龙江、吉林、辽宁、北京、河北、山西、内蒙古自治区、宁夏回族自治区、青海、陕西、甘肃、新疆维吾尔自治区、湖北、河南、山东、江苏、浙江；蒙古，朝鲜半岛，中亚，中东，东非，北非，俄罗斯欧洲区。

寄主：锦鸡儿、益母草、黄芪、芍药、蚕豆、大豆、马铃薯、风轮菜、瓜类、苹果、沙果等，幼虫取食蝗虫卵。

图2-51　苹斑芫菁

52. 大头豆芫菁*Epicauta (Epicauta) megalocephala* (Gebler)，1817（图2-52）

异名：*Epicauta albinae* Reitter，1905、*Epicauta maura* Faldennann，1833。

形态特征：雄虫体长8.2~10.4 mm，宽2.1~2.7mm。头黑色，具白色毛。额部中央具1红斑。触角11节，丝状。第1节略短于第3节；第2节略短于第1节的一半；第4~6节几乎等长，略短于第一节；第6节后逐节变长，末节顶端尖。第1~2节一侧暗红色，其余黑色。触角具白色毛。复眼黑色，光裸。下颚须4节，第1节最短，次末节短于前后两节，末节端部膨大，端弧形，近长三角形。黑色，具白色毛。前胸背板长约等于宽，中央具明显纵沟。黑色，两侧及纵沟处具白色毛，其余具黑色毛。前足腿节腹面近端部表面凹陷，此处密生白色软毛；胫节具2暗红色距；跗节5-5-4，前足第1跗节左右侧扁，基部细，端部膨胀，刀状；附爪背叶腹缘光滑无齿。跗节第一节基部和附爪暗红色，其余黑色。足跗节具棕黑色毛，其余具白色毛。鞘翅黑色，侧缘、端缘、中缝和中央纵纹具白色毛，其中中央纵纹平直，长达末端1/6处，有时消失或完全黑色，其余具黑色毛。腹部黑色，具白色毛。雌虫与雄虫相似，但前足第1跗节正常柱状。

分布：黑龙江、吉林、辽宁、北京、河北、山西、内蒙古自治区、宁夏回族自治区、青海、陕西、甘肃、新疆维吾尔自治区、四川、河南、安徽；蒙古、韩国、俄罗斯、哈萨克斯坦。

寄主：成虫为害苜蓿、沙蓬、黄芪、大豆、马铃薯、甜菜、花生、菠菜、灰菜、锦鸡儿等，幼虫取食蝗虫卵。

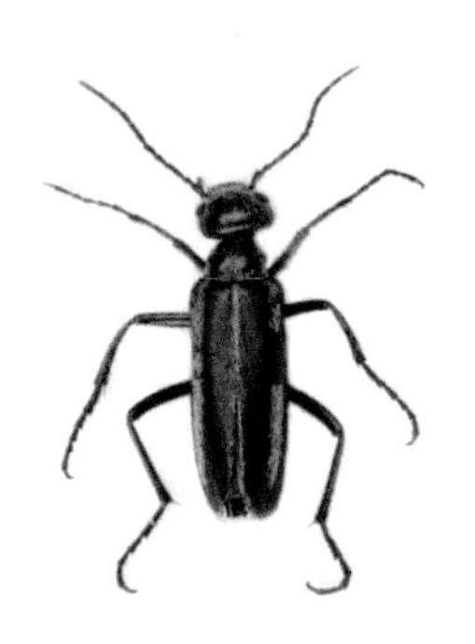

图2–52　大头豆芫菁

53. 丽斑芫菁（红斑芫菁）*Mylabris (Chalcabris) speciosa* (Pallas)，1781（图2–53）

形态特征：雄虫体长14.8~18.5mm，宽5.1~6.3mm。头金属绿色，具黑色毛。额部中央具1红斑。触角11节。前3节棒状，第1节长约为第3节的一半，第2节约第1节的一半；第4~10节逐渐变粗，但程度不大，各节几乎等长，约为第3节的一半；末节梭形，顶端尖，加长。触角黑色，具黑色毛。复眼暗红色，光裸。下颚须4节，第1节最短，次末节短于前后两节，末节加粗。黑色，具黑色毛。前胸背板长略大于宽。金属绿色，具黑色毛。足的胫节具2暗红色距；跗节5-5-4；附爪背叶腹缘光滑无齿。跗节第一节基部和附爪暗红色，其余黑绿色。足具黑色毛。鞘翅底色橙红色，具黑色斑：靠近基部有1对斑，内侧斑沿中缝与小盾片相连；中斑为相连的横斑；靠近端部有1对斑；端部边缘有1弧形斑，沿中缝向上。鞘翅密布黑色短毛。腹部金属绿色，具黑色毛。雌虫与雄虫相似。

分布：黑龙江、吉林、辽宁、河北、天津、内蒙古自治区、宁夏回族自治区、青海、陕西、甘肃、新疆维吾尔自治区、江西；朝鲜，蒙古，阿富汗，俄罗斯，乌兹别克斯坦，哈萨克斯坦。

寄主：豆科、禾本科牧草，幼虫取食蝗虫卵。

图2-53　丽斑芫菁

第3章

其他牧草重要害虫形态特征

其他牧草重要害虫种类检索表

1. 后足为跳跃足或前足为开掘足......2
   后足为非跳跃足，前足也非开掘足......24
2. 前足为开掘足......3
   前足非开掘足......4
3. 前胸背板盾形，中央具1个凹陷不明显的暗红色心脏形坑斑......单刺蝼蛄*Gryllotalpa unispina* Saussure
   前胸背板卵圆形，中间具一明显的暗红色长心脏形凹陷斑......东方蝼蛄*Gryllotalpa orientalis* Burmesiter，1839
4. 头顶宽，背面观宽于复眼，约为复眼宽的2倍......日本菱蝗*Tetrix japonicus*(Bolivar)
   非上所述......5
5. 触角丝状......6
   触角非丝状......21
6. 后足股节外侧的隆线非羽状；腹部第二节背板侧面的前下方具摩擦板......裴氏短鼻蝗*Filchnerella beicki* Ramme，1931
   后足股节外侧的隆线羽状......7
7. 前翅无润脉缺如，或弱且无音齿；跗节中垫长，超过爪的中部......8
   前翅有中润脉且有音齿；跗节中垫短小，不到达爪的中部......13
8. 腹部背面和底面均为红色......红腹牧草蝗*Omocestus haemorrhoidalis*
   腹部背面和底面为其他颜色......9

9. 后足股节下侧和后足胫节红色……………………………………………………………宽翅曲背蝗*Pararcyptera microptera meridionalis*后足股节和胫节非红色……………………………………………………10
10. 前胸背板侧隆线平行；前翅翅痣不明显……………………………………………………白纹雏蝗*Chorthippus albonemus* Cheng *et* Tu，1964
前胸背板侧隆线弯曲；前翅翅痣明显…………………………………………………11
11. 翅不发达，顶端不到达腹端……………………………………………………………小翅雏蝗*Chorthippus fallax*翅发达，顶端超过腹端………………………………12
12. 前胸背板后横沟位于中部之后…………………狭翅雏蝗*Chorthippus dubius*
前胸背板后横沟位于中部之前……………………………………………………………北方雏蝗*Chorthippus hammarstroemi* (Miram)，1906
13. 前翅中润脉缺如，或弱而无细齿；后足胫节有外端齿…………………………14
前翅中润脉明显且有细齿；后足胫节无外端齿……………………………………15
14. 头侧窝三角形；前胸背板中隆线被两条横沟切断；后翅基部明显红色……………………………………………黄胫异痂蝗*Bryodemella holdereri holdereri*
头侧窝近圆形；前胸背板中隆线被后横沟切断；后翅基部淡粉色，范围小……………………………………轮纹异痂蝗*Bryodemella tuberculatum dilutum*
15. 后翅主要纵脉明显增粗，纵脉的腹面常具有细齿…………………………………16
后翅主要纵脉正常，无明显增粗，若增粗，其增粗纵脉腹面无细齿…………17
16. 后翅透明，无深色轮纹；后足胫节基部上侧膨大处具有明显的平行皱纹……………………………………………………………红翅皱膝蝗*Angaracris rhodopa*
后翅不透明，具有深色轮纹；后足胫节基部上侧膨大处平滑或具稀少刻点……………………………白边痂蝗*Bryodema luctuosum luctuosum* (Stoll)，1813
17. 头顶较平，不向前倾斜；后足股节内侧淡红色……………………………………………………………………………大垫尖翅蝗*Epacromius coerulipes*
头顶明显向前倾斜………………………………………………………………………18
18. 前胸背板被2~3个横沟切割，2~3个切口…………………………………………………………………………………大胫刺蝗*Compsorhipis davidiana*
前胸背板全长完整或仅被后横沟切割……………………………………………19

19. 后翅中部暗褐色轮纹全长完整.....................黑条小车蝗*Oedaleus decorus*
    后翅中部暗褐色轮纹在翅上部有断裂..20
20. 前胸背板“X”形条纹在沟后区较宽，明显宽于沟前区部分..................
    ....黄胫小车蝗*Oedaleus infernalis*
    前胸背板“X”形条纹在沟后区和沟前区近等宽....................................
    ....亚洲小车蝗*Oedaleus decorus asiaticus*
21. 触角棒槌状..22
    触角剑状..23
22. 头部三角形......毛足棒角蝗*Dasyhippus barbipes* (Fischer-Waldheim)，1846
    头部狭长四角形........................*Myrmeleotettix palalis* (Zubovsky)，1900
23. 前胸背板侧隆线在沟后区较分开，后横沟在侧隆线之间平直，不向前弧形突出，侧片后缘较凹入，下部有几个尖锐的节，侧面的后下角锐角形，向后突出.................中华剑角蝗*Acrida cinerea* (Thunberg)，1815
    前胸背板3条横沟均明显，都割断侧隆线，但仅后横沟割断中隆线，侧隆线在沟前区消失。前胸背板有较宽的X形淡色条纹.........................
    ....红胫戟纹蝗*Dociostaurus kraussi* (Ingeniky)，1897
24. 前翅角质，和身体一样坚硬如铁...25
    前后翅均为膜质，或无翅..38
25. 触角超过体长2/3...26
    触角未超过体长2/3..28
26. 体大型，长30.0 ~ 40.0mm ....
    ......大牙锯天牛*Dorysthenes (Cyrtognathus) paradoxus* Faldermann，1833
    体中小型，长10.0~20.0mm...27
27. 头、额红褐色，刻点密，覆白短毛，中纵沟明显，沟两侧突起............
    ....红缝草天牛*Eodorcadion chinganicum* Suvorov，1909
    头黑至黑褐色，有2条大致平行的淡灰或灰黄绒毛纵纹.........................
    ....密条草天牛*Eodorcadion virgatum* (Motschulsky)，1854
28. 触角呈鳃叶状...29
    触角不呈鳃叶状..30

29. 后翅较长，前后缘近平行，翅端伸达腹部第4背板；雄性外生殖器的阳茎中突细长....................大皱鳃金龟*Trematodes grandis* Semenov，1902
后翅短，后缘钝角形或弧形扩出，翅端伸达或略超过腹部第2背板；雄性外生殖器的阳茎中突粗壮...黑皱鳃金龟*Trematodes tenebrioides* (Pallas)，1871

30. 体扁平，背面平板状，两侧平行，或跗节5-5-4.......................................31
体非上所述，3对跗节数相同，均为5节，第4节极小，呈拟4节.............32

31. 前足腿节下侧外端有明显的弯钩状齿...弯齿琵甲*Blaps (Blaps) femoralis femoralis* Fischer-Waldheim，1844
前足腿节下侧无上述特征，顶多端部略收缩...钝齿琵甲*Blaps femoralis medusula* Skopin，1964

32. 头部下口式；前唇基不明显，额唇基前缘凹，两侧角突出；若弧凹不明显，前角侧不突出，则腹部中间数节中部收狭；前足基节窝闭式...中华萝藦肖叶甲*Chrysochus chinensis* Baly，1859
头部亚前口式；唇基前部明显地分出前唇基，其前缘平直，两前侧角不突出；腹部数节中部不收狭；前足基节窝闭式或开式............................33

33. 后足正常..34
后足膨大，适于跳跃...35

34. 两触角着生处相隔较宽...漠金叶甲*Chrysolina aeruginosa* (Faldermann)，1835
两触角着生处接近...白茨粗角萤叶甲*Diorhabda rybakowi* Weise，1890

35. 鞘翅中央纵条外侧中部凹曲颇深，内侧中部直形，仅前后两端向内弯曲.................................黄曲条跳甲*Phyllotreta striolata*(Fabricius)，1803
鞘翅中央纵条非上所述...36

36. 鞘翅中央纵条斑极宽大，其最狭处亦占鞘翅宽度的一半有余..黄宽条跳甲*Phyllotreta humilis* Weise，1887
鞘翅中央纵条非上所述...37

37. 鞘翅中央纵条前端近鞘翅基部之外侧端部略成一直角凹曲，以致黄条不蔽及鞘翅肩..........黄狭条跳甲*Phyllotreta vittula* (Redtenbacher)，1849
鞘翅中央纵条仅在外侧呈现极微浅的弯曲，其前端伸展至翅基............
....黄直条跳甲*Phyllotreta rectilineata* Chen，1939

38. 口器为虹吸式，翅膜质，覆有鳞片..39
口器非虹吸式；翅上无鳞片...46

39. 后翅Sc+R1与Rs在中室外靠近或部分愈合...40
后翅Sc+R1与Rs在中室外分歧..41

40. 前翅暗褐色，中央有两个白色透明斑，后翅白色透明，近外缘处暗褐色
....豆野螟*Maruea testulalis*（Geyer），1832
前翅有数条波状和锯齿状暗褐色的斑纹，后翅灰黄色，中央有波状横纹
....玉米螟*Ostrinia nubilalis* (Hübner)，1796

41. 复眼表面具毛...42
复眼表面无毛..44

42. 前翅灰黄褐色、黄色或橙色.....黏虫*Pseudaletia separata* (Walker)，1865
前翅褐赭色..43

43. 翅脉微白，两侧衬褐色，各翅脉间均褐色，亚中褶基部有1条黑纵纹，中室下角有1个白点，顶角有1条隐约的内斜纹，外横线为一列黑点；后翅白色，翅脉及外缘区带有褐色.........劳氏粘虫*Leucania loreyi* Duponchel
翅脉、前缘、后缘及亚中褶基部布有黑色细点，内横线为几个黑点，中室下角有1个白点，其两侧色较暗，外横线黑色，锯齿形，顶角至M2有1条暗灰色斜影，缘线为一列黑点；后翅白色，外缘有一列黑点......
....谷黏虫*Leucaniazeae* Duponchel

44. 中、后足胫节无刺或刺稀少..
............................秀夜蛾（麦穗夜蛾）*Apamea sordens* (Hufnagel)，1766
中、后足胫节具刺...45

45. 肾纹外侧具黑纹.......................小地老虎*Agrotis ipsilon* (Hufnagel)，1776
肾纹外侧无黑纹...........黄地老虎*Agrotis segetum* (Denis *et* Schiffermüller)

46. 跗节5节...47
跗节最多3节；或足退化，甚至无足...50

47. 体为浅黄绿色……………………………麦秆蝇*Meromyza saltatrix* Linnaeus
体暗灰色……………………………………………………………………………48
48. 头部黄色………………………豌豆潜叶蝇*Chromatomyia horticola*（Goureau）
头部灰色……………………………………………………………………………49
49. 足除中后足基节暗色外，其余各节均呈黄色，后足腿节尤明显…………
……………………………………………………青稞穗蝇*Nanna truncata* Fan
足黑色……………………………………………麦种蝇*Hylemyia coarctata* Fallen
50. 前翅基半部革质，端半部膜质；如无翅则喙明显出头部……………………51
前翅全部革质或膜质；如无翅则喙出自胸部，或无喙…………………………54
51. 前胸背板具4斑带………………………………………………………………52
前胸背板非上所述……………………………………………………………………53
52. 前胸背板黄、红色、有大黑斑4块……………………………………………
…………………………………横纹菜蝽*Eurydema gebleri* Kolenati，1846
前胸背板前半部有4条宽纵黑带，侧角端处黑色………………………………
…………………………………紫翅果蝽*Carpocoris purpureipennis* De Geer
53. 头背面具淡褐至淡红褐色中纵细纹，又沿触角基内缘至头后缘间有一淡褐色细纵纹…………条赤须盲蝽*Trigonotylus coelestialium* (Kirkaldy)，1902
头非上所述…………………横带红长蝽*Lygaeus equestris* (Linnaeus)，1758
54. 喙着生于前足基节之间或更后…………………………………………………55
喙着生点在前足基节之前……………………………………………………………58
55. 体蜡白色…………麦无网长管蚜*Acyrthosiphon dirhodum* (Walker)，1849
体绿色…………………………………………………………………………………56
56. 头部无明显纹…………………麦长管蚜*Macrosiphum avenae* (Fabricius)，1775
头部具明显纹…………………………………………………………………………57
57. 足淡色至灰色……………麦二叉蚜*Schizaphis graminum* (Rondani)，1852
足色淡，胫节端部1/4及跗节灰黑色……………………………………………
………………………………禾谷缢管蚜*Rhopalosiphum padi* (Linnaeus)，1758
58. 额区窄尖……………………………………………………………………………59
额区宽，横向……………………………………………………………………………60

59. 前翅淡黄褐色，透明，翅斑黑褐色………………………………………………
……………………………………白背飞虱*Sogatella furcifera* (Horváth)，1899
前翅近于透明，具黑色斑纹……………………………………………………
……………………………………灰飞虱*Laodelphax striatellus* (Fallén)，1826

60. 前胸背板强烈凸成角状…………黑圆角蝉*Gargara genistae* (Fabricius)，1775
前胸背板非上所述……………………………………………………………61

61. 头部黄绿色，头冠后部接近后缘处，有明显的黑色圆点，前部有2对黑色横纹……………………………………二点叶蝉*Cicadula fasciifrons* (Stal)
头部非上所述…………………………………………………………………62

62. 前翅淡蓝绿色，前缘区淡黄绿色，翅端1/3为黑色（雄性）或淡褐色（雌虫）……………………………黑尾叶蝉*Nephotettix cincticeps* (Uhler)，1896
前翅非上所述；头冠前半左右各具1组淡褐色弯曲横纹，后部接近后缘处有1对不规则的多边形黑斑..大青叶蝉*Cicadella viridis* (Linnaeus)，1758

其他重要牧草害虫形态特征

1. 宽翅曲背蝗*Pararcyptera microptera meridionalis* (Ikonnikov)，1911（图3–1）

异名： *Arcyptera flavicostasibirica* Uvarov。

形态特征： 雄性体长：23~28mm，雌性体长：35~38mm。体黄褐色、褐色或黑褐色。体中型。头部较大，几乎与前胸背板等长。头顶有灰黑色“八”形纹，中央略凹。颜面隆起宽平，无纵沟，略低凹，侧缘较钝。复眼大，近圆形。触角丝状，超过前胸背板后缘。前胸背板侧隆线呈黄白色“> <”形纹，侧片中部有斑纹。前胸背板宽平，前缘较平直，后缘圆弧形。翅发达，前翅具有细碎的黑色斑点，后翅透明。后足股节黄褐色，上侧具3个大黑斑，下侧红色；后足胫节红色，基部黄白色，缺外端刺。雄性下生殖板短锥形，顶端圆润。雌性产卵瓣粗短，上产卵瓣外缘无细齿。

分布： 黑龙江、吉林、辽宁、河北、山西、山东、内蒙古自治区、甘肃、陕西、青海；前苏联、蒙古。

寄主：禾本科牧草，有时也侵入农田为害农作物。

图3-1　宽翅曲背蝗

2. 亚洲小车蝗*Oedaleus decorus asiaticus* Bei-Bienko，1941（图3-2）

异名：*Oedaleus asiaticus* Bei-Bienko。

形态特征：雄性体长：18~22mm，雌性体长：28~37mm。体一般黄绿色，偶尔暗褐色，或在颜面、颊、前胸背板、前翅基部及后足股节处有绿色斑纹。体小型至中型，体表具皱纹和刻点。头部大而短，顶端较低凹，略向前倾斜，有明显侧隆线。颜面侧面观近垂直，颜面隆起宽平。复眼卵形，较小，突出。触角丝状，超过前胸背板后缘。

前胸背板中部明显收缩，背板背面有不完整的“X”形黄色斑纹；前胸背板前缘较直，后缘圆弧形突出。中隆线较高，侧面观平直或略呈弧形隆起；缺侧隆线。前后翅发达，前翅基半具3个大块黑斑，基部一个较小，端半具不规则暗斑。后翅基部黄绿色，色极淡，中部具暗褐色横纹带，在第一臀脉处明显断裂，端部具有少量不明显的淡褐色小圆斑。后足股节黄绿色，顶端黑色，上侧和内侧具3个黑斑。后足胫节红色，基部黑色，近基部淡黄褐色。雄性腹部尾须长圆锥状，顶端钝圆，下生殖板短锥形。下产卵瓣腹面观外侧明显呈圆弧状凹陷，较粗短。

分布：河北、山东、陕西、内蒙古自治区、宁夏回族自治区、甘肃、青海；前苏联、蒙古。

寄主：主要为害谷子、黍、玉米、莜麦、高粱等禾本科作物，也为害大豆、小豆、马铃薯、亚麻等。

图3-2 (a)亚洲小车蝗背视

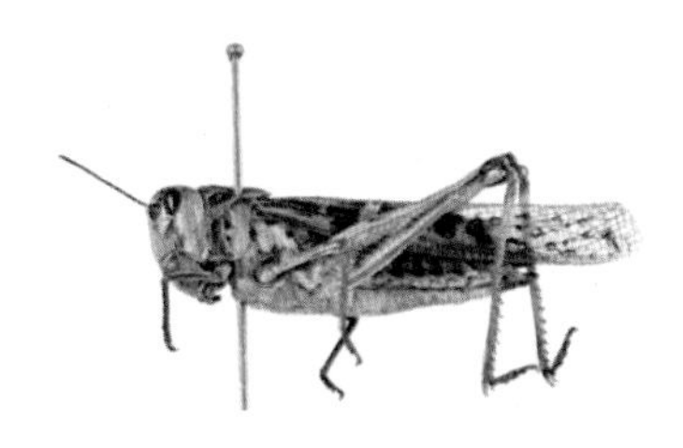

图3-2 (b)亚洲小车蝗侧视

3.黄胫小车蝗*Oedaleus infernalis* Saussure，1884（图3-3）

异名： *Oedaleus infernalis var. amurensis* Ikonnikov、*Oedaleus infernalis montanus*

Bei-Bienko。

形态特征： 雄性体长：20~25mm，雌性体长：29~35mm。

体暗褐色，少数草绿色。体中型至大型，体表具皱纹和小刻点。头部大而短，头顶较尖，短宽，略倾斜，侧隆线明显，无明显中隆线。颜面侧面观略倾斜，几近垂直。复眼卵形，大而突出。触角丝状，超过前胸背板后缘。前胸背板略突起，中部明显收缩，背面具有不完整的“X”形黄色斑纹；前缘较直，略呈圆弧形突出，后缘直角形凸出；中隆线较高，侧面观平直或略呈弧形隆起；缺侧隆线。前后翅发达。前翅端部透明，明显散布暗褐色斑纹，基部的斑纹较大而密，呈3块大斑。后翅基部淡黄色，中部具暗色横纹带。后足股节黄褐色，膝部黑色，从上侧到内侧具3个黑斑，下侧内缘雄性淡红色，雌性黄褐色；后足胫节雄性红色，基部黄色，雌性黄褐色或淡红色，基部黑色，近基部下侧具一较明显的黄色斑纹，在上侧常混杂红色。腹部黄绿色，背部色暗。雄性腹部尾须圆锥状，下生殖板短锥形。雌性产卵瓣较粗，上外缘光滑，顶端呈小钩状，下产卵瓣腹面观外侧具明显钝角形凹陷。

分布： 黑龙江、吉林、北京、河北、山西、山东、内蒙古自治区、宁夏回族自治区、甘肃、青海、陕西、江苏。

寄主： 禾本科牧草。

图3-3 (a)黄胫小车蝗背视

图3-3 (b)黄胫小车蝗侧视

4. 黑条小车蝗*Oedaleus decorus decorus* (Germar)，1826（图3-4）

形态特征：雄性体长：21~25mm，雌性体长：34~40 mm。

体绿色，有些种类黄褐色。体中型，体表具皱纹和细刻点。头部圆，较大，头顶短宽，顶端明显向前倾斜，较低凹，侧隆线较明显。侧观颜面垂直，颜面隆起宽平。复眼卵形。触角丝状，刚达到前胸背板后缘。前胸背板中部明显收缩，背面有不完整的黑色"X"形斑纹；前缘较平直，后缘钝角形突出；中隆线隆起，较高，侧面观微弧形隆起；缺侧隆线。前后翅发达，前翅基半具3大块黑斑，基部一个较小，端部具不规则的褐色斑。后翅基部淡黄绿色，中部具暗色横纹带，较宽，完整不断裂，端部淡褐色。后足股节具3个倾斜的暗色横斑，膝部暗褐色或色较淡，下侧黄色；上侧片较长于下基片；上侧中隆线平滑。后足胫节基部淡褐色，近膝部具一较宽的淡黄色环，不混杂红色，其余淡红色；内缘具9~11个刺，外缘具10~11个刺，外端缺刺。雌性下产卵瓣腹面观外缘呈三角形凹陷，较细长。

分布：甘肃、新疆维吾尔自治区；广布古北区。

寄主：牧草，有时侵入农田为害小麦等作物。

图3-4 (a)黑条小车蝗背视

图3-4 (b)黑条小车蝗侧视

5. 白边痂蝗*Bryodema luctuosum luctuosum* (Stoll)，1813（图3–5）

形态特征：雄虫体长26~32mm，雌成虫25~28mm。雄虫前翅长35~42mm，雌虫15~20mm。暗灰体色，灰褐或黄褐色，具许多小的暗色斑点。雄虫体形匀称，狭长，雌虫粗短。头短、小。虫体颜面垂直；隆起较宽，两侧缘在中眼之下稍向内缩狭。头顶宽短，顶端宽圆，隆线明显。头侧窝呈不规则圆形。触角丝状，雄虫不达或达前胸背板的后缘，雌虫远不达前胸背板的后缘。复眼卵形。前胸背板在沟前区较窄，沟后区较宽平，具明显的颗粒状隆起和短隆线；中隆线甚低，仅被后横沟割断；后横沟位于中部之前。前、后翅发达，雄性前翅常超过后足胫节的顶端，雌性不达后足股节的顶端；前翅具明显的暗色斑点，后翅基部暗色，沿外缘具较宽的淡色边缘。后足股节较粗短，内侧和底侧蓝黑色，顶端具明显的淡色环纹；胫节暗蓝或蓝紫色，长为其宽处的3.2~3.6倍，上侧的上隆线无细齿，基部膨大部分无细隆线。雄性下生殖板短锥形。雌性产卵瓣粗短，顶端钩状，上产卵瓣的上外缘无细齿。

分布：内蒙古自治区、山西、甘肃、青海、河北、陕西、黑龙江、吉林、辽宁、西藏自治区等。

寄主：针矛、苜蓿、蒿类、碱草、赖草等。

图3–5　白边痂蝗

（引自《昆虫世界》: www.insecta.cn）

6. 宽须蚁蝗*Myrmeleotettix palalis* (Zubovsky)，1900（图3-6）

异名： *Myrmeleotettix kunlunensis* Huang。

形态特征： 雄性体长：9~12mm，雌性体长：12~16mm。

体黄绿色、黄褐色或黑褐色。体小型。头部大而短，短于前胸背板。头顶短。头侧窝明显，狭长四角形。颜面侧观向后倾斜，颜面隆起明显，全长具纵沟，侧缘近平行，下端略宽大。下颚须端节宽大，顶圆。复眼卵形，较大。触角细长，超过前胸背板后缘，顶端膨大。前胸背板沟前区侧隆线外侧、沟后区侧隆线内侧具黑褐色纵纹；前缘略弧形，后缘角状突出；中隆线明显，侧隆线角状内曲。前胸背板略呈圆形隆起。前翅暗褐色，具4~5个黑斑，较直；前缘脉域基部不膨大，呈狭条状，超过前翅的中部。后足股节黄褐色，内侧基部具黑色斜纹；膝部黑色。后足胫节黄褐色，基部黑色。雌性下生殖板后缘中央三角形突出。

分布： 内蒙古自治区、甘肃、青海、河北、西藏自治区、山西、新疆维吾尔自治区等。

寄主： 禾本科牧草。

图3-6 (a)宽须蚁蝗背视

图3-6 (b)宽须蚁蝗侧视

7. 狭翅雏蝗*Chorthippus dubius* (Zubovsky)，1898（图3-7）

异名： *Stenobothrus horvathi* Bolivar。

形态特征： 雄性体长：10~12mm，雌性体长：11~15mm。

体黑褐色或黄褐色。体小型。头部较短，短于前胸背板。头顶短宽，头侧窝狭长四角形。颜面向后倾斜。触角丝状，细长，到达或超过前胸背板后缘。复眼卵形，位于头的中部。前胸背板侧隆线不具黄白色，前缘平直，后缘钝角形突出；中隆线明显，侧隆线呈角形弯曲、在沟前区呈钝角形凹入，后横沟位于背板中部之后。前胸腹板在两前足之间平坦或前缘略隆起。前翅褐色，不具一列大黑斑，雌性前缘脉域亦不具白色纵纹。前翅较短，远不到达后足股节的顶端，中部较宽，近顶端较尖狭。后足股节内侧基部具黑色斜纹。后足胫节黄色或褐色。雄性腹部末节背板后缘及肛上板边缘不呈黑色，与腹部同色。下生殖板短锥形。雌性产卵瓣粗短，上产卵瓣之上外缘无细齿，端部略呈钩状。

分布：内蒙古自治区、河北、山西、陕西、新疆维吾尔自治区、青海、甘肃、宁夏回族自治区等。

寄主：禾本科牧草。

图3-7 (a)狭翅雏蝗背视　　图3-7 (b)狭翅雏蝗侧视

8. 小翅雏蝗*Chorthippus fallax* (Zubovsky)，1899（图3-8）

异名：*Stenobothrus ehubergi* Miram、*Stauroderus cognatus* var. *amurensis* Ikonnikov。

形态特征：雄性体长：9~15mm。体褐色，表面较光滑，小型。头部较大，稍短于前胸背板；头侧窝明显，长方形；复眼卵形；触角丝状，细长，远超出前胸背板后缘。前胸背板较小；中隆线隆起，侧隆线在沟前区向内弯曲，在沟后区向外延伸扩大；后缘呈平缓的钝角形突出。翅不发达。前翅褐色，稍透明；较短，宽圆，一般短于腹部末端；鳞片状纹理；前缘脉域较宽，中脉域明显加宽。后翅退化，不超过前翅一半；鳞片状，透明。后足股节黄褐色，上下隆线之间色深，一般为灰黑色；后足胫节黄色。腹部黄绿色。尾须圆柱形，下生殖板圆柱形，端部略尖。

分布：内蒙古自治区、河北、山西、陕西、新疆维吾尔自治区、青海、甘肃、宁夏回族自治区等。

寄主：禾本科牧草、麦类、谷子等，也为害莎草科、苜蓿等。

图3-8　(a)小翅雏蝗背视　　**图3-8　(b)小翅雏蝗侧视**

9. 大垫尖翅蝗*Epacromius coerulipes* (Ivanov)，1887（图3-9）

异名：*Aiolopus tergestinus* var. *chinensis* Karny、*Aiolopus coerulipes* Tarbinsky。

形态特征：雄性体长：13~16mm，雌性体长：20~25mm。体褐色。雄性体中小型，雌性中型至大型。头部较大，稍高于前胸背板，短于前胸背板。头顶较宽，略向前倾斜，中央低凹，侧缘隆线较明显。颜面侧观向后倾斜，颜面隆起较宽。复眼较大，卵圆形，突出。触角丝状，稍超过前胸背板。前胸背板背面中央常具暗褐色纵条纹，有的个体背面具有不明显的“> <”形纹。前胸背板前缘较直，后缘钝角形突出；缺侧隆线。前胸腹板略突出。前翅具有大小不等的褐色、白色斑点；较长，伸达后足胫节中部。后翅透明，略短于前翅。后足股节顶端黑褐色，上侧中隆线和内侧下隆线间具3个黑色大圆斑，中间的一个最大。外侧下隆线具4~5个小黑斑，底侧玫红色，匀称修长，上侧中隆线光滑无齿，下膝侧片下缘平直，顶端椭圆形。后足胫节淡黄色，具3个黑褐色环纹。内缘具10~11个刺，外缘具9~10个刺，缺外端刺。腹部黄褐色。雄性腹部尾须圆筒形，较长，下生殖板短舌状。雌性产卵瓣粗短，上产卵瓣外缘光滑，端部呈钩状。

分布：黑龙江、吉林、辽宁、河北、河南、内蒙古自治区、新疆维吾尔自治区、宁夏回族自治区、甘肃、青海、陕西、山东、山西、江苏、安徽等；前苏联，日本等也有分布。

寄主：禾本科牧草、豆类。

图3-9 (a)大垫尖翅蝗背视　　图3-9 (b)大垫尖翅蝗侧视

10. 毛足棒角蝗*Dasyhippus barbipes* (Fischer-Waldheim)，1846（图3-10）

形态特征：雄虫体长10.8~19.3mm，雌虫18.2~21.4mm；雄虫前翅长11.2~12.7mm，雌虫11.8~14.8mm。体通常黄褐色。触角顶端暗色。雄性腹部末节背板后缘和肛上板边缘黑色。头大而短。颜面倾斜；颜面隆起上端较窄，下端较宽，纵沟较低凹。头顶短，三角形，顶端较尖。头侧窝明显，呈狭长四角形。触角细长，顶端明显膨大呈锤形。前胸背板前缘平直，后缘弧形；中隆线和侧隆线明显，侧隆线在沟前区明显弯曲，沟前区明显地较长于沟后区。前胸背板前缘略隆起。前翅发达，顶端达后足股节的顶端。

分布：黑龙江、吉林、内蒙古自治区、甘肃、青海等；前苏联，蒙古等也有分布。

寄主：禾本科、藜科等，喜食羊草、冰草、冷蒿、早熟禾、苔草、星毛委陵菜等。

图3-10 毛足棒角蝗

11. 红胫戟纹蝗*Dociostaurus kraussi* (Ingeniky)，1897（图3-11）

形态特征：雄性体长17.0~20.0mm，雌性23.0~26.0mm；前翅雄性长11.0~15.0mm，雌性13.0~16.0mm。体较粗短。颜顶角宽短，头的背面光滑，无侧隆线，颜顶角在复眼之间的宽度约等于颜面隆起在触角之间宽度的2~3倍。颜面倾斜。触角丝状，细长。前胸背板3条横沟均明显，都割断侧隆线，但仅后横沟割断中隆线，侧隆线在沟前区消失。前胸背板有较宽的X形淡色条纹。后足股节粗短；沿外侧下隆线处长有5~7个黑色小斑点；后足股节外侧的下膝片淡色，有时基部略暗。后足胫节红色。雄性腹部末节背板后缘的尾片较宽。

分布：新疆维吾尔自治区；前苏联等。

寄主：禾本科。

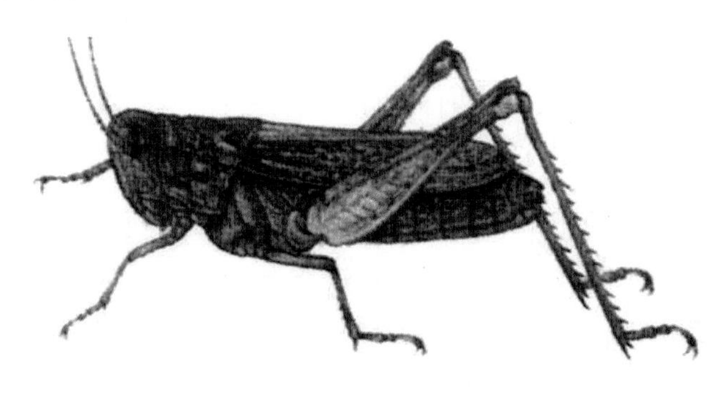

图3-11　红胫戟纹蝗

（引自<昆虫世界>：www.insecta.cn）

12. 红腹牧草蝗*Omocestus haemorrhoidalis* (Charpentie)，1825（图3-12）

形态特征：雄性体长：11~14 mm，雌性体长：18~20 mm。

体绿色或黑褐色。体中小型，匀称。头部短小，短于前胸背板。颜面隆起全长略凹陷。复眼近圆形。触角丝状，不超过前胸背板后缘。前胸背板中隆线明显；侧隆线周围黑色，在沟前区以“> <”状向内凹。前胸腹板在前足之间平坦无突起。前后翅均较发达。前翅到达腹部末端，前缘较直。后足股节底侧黄褐色；后足胫节黑褐色，密布灰黑色小斑。腹部背面和底面明显橘红色。雄性下生殖板锥形；雌性产卵瓣钩状，上产卵瓣的上外缘圆钝。

分布：宁夏回族自治区、甘肃、内蒙古自治区、青海、河北、山西、陕西等。

寄主：禾本科、藜科等，喜食羊草、冰草、冷蒿、早熟禾、苔草、星毛委陵菜等。

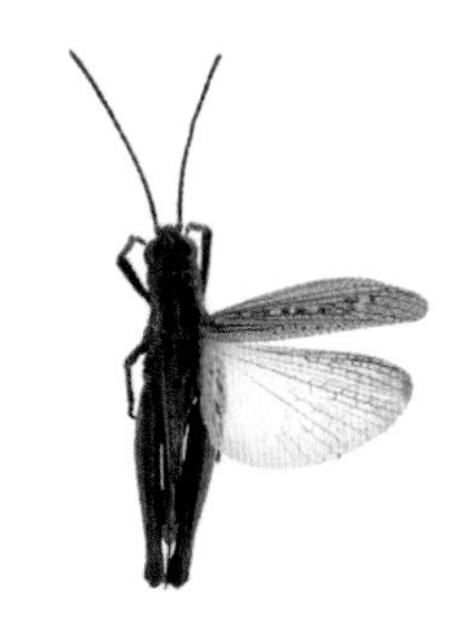

图3-12 (a)红腹牧草蝗背视

图3-12 (b)红腹牧草蝗侧视

13. 白纹雏蝗*Chorthippus albonemus* Cheng *et* Tu，1964（图3-13）

形态特征：雄性体长：11~14 mm，雌性体长：17~24 mm。体灰黑色。体中小型。头部较短，侧观与前胸背板交界不明显。复眼卵形，后部有黑斑。侧隆线明显，黑色。触角丝状，较短，刚到达前胸背板后缘。前胸背板中隆线明显；侧隆线黄色，在横沟处向内呈“> <”状弯曲，侧隆线外侧有黑色纵纹。前胸背板前缘平直，后缘尖锐，向外突出。翅透明，较发达。前翅中脉域具一列大黑斑。后翅透明，无明显斑纹，前缘脉不明显加粗。后足股节外侧黑色，下侧黄色，内侧基部具两条明显粗斜纹。后足胫节黄褐色，有黑斑。腹部黄褐色，背板密布黑点。雄性下生殖板圆。雌性产卵瓣钩状，上产卵瓣外缘无细齿。

分布：内蒙古自治区、甘肃、青海、河北、西藏自治区、山西、新疆维吾尔自治区等。

寄主：禾本科、藜科等，喜食羊草、冰草、冷蒿、早熟禾、苔草、星毛委陵菜等。

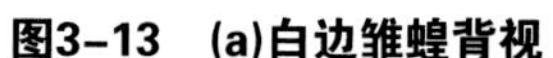

图3-13 (a)白边雏蝗背视

图3-13 (b)白边雏蝗侧视

14. 北方雏蝗*Chorthippus hammarstroemi* (Miram)，1906（图3–14）

形态特征：体长：雄性15~18mm，雌性17~21mm；前翅长：雄性9~12mm，雌性9~11mm；后足股节长：雄性10~11mm，雌性13~14.5mm。体小型。黄褐色、褐色、黄绿色，有的个体背部绿色。颜面倾斜。头侧窝四角形。触角丝状，细长，超过前胸背板后缘。前胸背板侧隆线处具不明显的暗色纵纹，侧隆线在沟前区略呈弧形弯曲。前翅发达，雄性到达后足股节膝部，雌性到达后足股节中部；雌性径脉域的最宽处大于亚前缘脉域宽度的1.5~2倍；雄性前翅明显向顶端变狭；雌性前翅在背部相毗连。后足股节匀称，膝侧片顶端圆形；内侧下隆线上具音齿173（±12）个。后足股节橙黄色或黄褐色，内侧基部无黑色斜纹，膝部黑色。后足胫节橙黄色或橙红色，基部黑色。

分布：新疆维吾尔自治区、内蒙古自治区、黑龙江、吉林；西伯利亚，蒙古。

寄主：禾本科、藜科等，喜食羊草、冰草、冷蒿、早熟禾、苔草、星毛委陵菜等

图3–14　北方雏蝗

（引自《昆虫世界》：www.insecta.cn）

15. 大胫刺蝗*Compsorhipis davidiana* (Saussure)，1888（图3–15）

形态特征：雌性体长35~43mm。体型较大，灰褐色或暗褐色。头部头顶宽短，明显短于前胸背板。颜面垂直或微倾斜，颜面隆起宽平，侧缘几乎平行。缺头侧窝。复眼卵圆形，突出。触角丝状，其长超过前胸背板后缘。前胸背板较光滑，无明显的颗粒和细隆线；背板前端呈圆柱形，后端宽平，两侧稍突起，中隆线较细，中部略凹，缺侧隆线；前缘略向前突出，后缘呈直角形突出，较尖

锐。翅发达。前翅浅褐色，基部有大的暗色斑，横跨整个翅基部，后缘有两个较小横斑；后翅基部玫红色，较小；后翅端部浅褐色，透明；中间较大区域为黑褐色轮纹，与两侧区域没有明显的界限；横脉黑色，近翅端色减淡。后翅宽大，宽度大约是前翅的2倍。足有黑斑，有绒毛。后足股节外侧有两个不明显的黑色大圆斑，内侧黑色，端部黄褐色；中部有羽状纹，上下侧中隆线平滑；后足胫节暗黄色或橘黄色。腹部黄褐色，中部发黑，有光泽。

分布：新疆维吾尔自治区、内蒙古自治区、黑龙江、吉林；西伯利亚，蒙古。

寄主：禾本科、藜科等，喜食羊草、冰草、冷蒿、早熟禾、苔草、星毛委陵菜等。

图3–15 (a)大胫刺蝗背视

图3–15 (b)大胫刺蝗侧视

16. 红翅皱膝蝗*Angaracris rhodopa* (Fischer – Walheim)，1846（图3–16）

异名：*Bryodema barabense* var. *reseipennis* Krauss。

形态特征：雄性体长23~28mm，雌性体长28~32mm。体色浅绿色或黄褐色，具细小的褐色斑点。绿色个体的头、胸及前翅均为浅绿色，腹部褐色。体中型，较匀称，具粗大刻点和短隆线。头部短，头顶宽短，颜面垂直，颜面隆起较宽，侧隆线明显，隆起呈弧形。头顶宽平，倾斜，与颜面隆起形成圆形。复眼卵圆形。触角丝状，细长。前胸背板前缘较窄，后端较宽、呈直角三角形突出，有明显的颗粒状突起和短隆线；侧片的高大于长，下缘前、后角均圆形。前翅具密而细碎的褐色斑点，较长，常伸达后足胫节顶端。后翅基部为玫瑰红色，透明。

基部有褐色方斑。后足股节近膝部处的内侧及上侧橙红，具较大的黑色斑纹；外侧黄绿色，具不太明显的3个圆斑；末端膨大处内侧通常全部黑色，近端部具一暗黄色的膝前环；后足股节较粗短，上侧中隆线比较完整、无细齿，膝侧片顶端圆形。后足胫节橙红色或橙黄色，基部膨大部分的背侧具有平行的细短隆线，顶端无外端刺。腹部褐色。雄性腹部尾须长柱状，下生殖板后缘中央呈三角形突出。雌性腹部产卵瓣外缘具少量不规则的钝齿。

分布：宁夏回族自治区、甘肃、内蒙古自治区、青海、河北、山西、陕西等。

寄主：禾本科、藜科等，喜食羊草、冰草、冷蒿、早熟禾、苔草、星毛委陵菜等。

图3-16 (a)红翅雏膝蝗背视

图3-16 (b)红翅雏膝蝗侧视

17. 裴氏短鼻蝗*Filchnerella beicki* Ramme，1931（图3-17）

形态特征：雄性体长11.0~12.5mm。

体表黄褐色，遍布细绒毛，粗糙。体型中等，一般较粗壮。头部背面低凹、粗糙，短于前胸背板；头顶具明显的侧隆线、端部近直角，顶端中央具细纵沟；颜面隆起明显。复眼圆形，大而突出。触角丝状，较长，明显超过前胸背板后缘。前胸背板粗糙，侧观明显呈圆形隆起，中隆线呈片状隆起，被三条横沟均割断；沟后区与沟前区近乎等长；沟后区中隆线呈弧形隆起；前胸腹板前缘呈片状隆起，顶端中央呈近弧形凹口，前后缘均呈角形突出。雄性前、后翅均发达，其前端不超过腹部末端；雌性翅不发达，前翅呈鳞片状，侧置于前胸背板两侧偏下，在背面分开较宽。后足股节灰褐色，上侧有两个黑斑；宽扁，其长度约为最宽处的3倍以上，上侧中隆线具细齿，在膝部近顶端处具小凹口。后足胫节颜色较艳丽，端部和基部呈红色，中间部分呈蓝色；具内、外端刺，上侧中隆线具细齿。腹部裸露，背视黑色。雄性下生殖板顶端较圆，雌性尾须和上、下生殖板钩状。

分布：宁夏回族自治区、甘肃、内蒙古自治区、青海、河北、山西、陕西等。

寄主：禾本科、藜科等，喜食羊草、冰草、冷蒿、早熟禾、苔草、星毛委陵菜等。

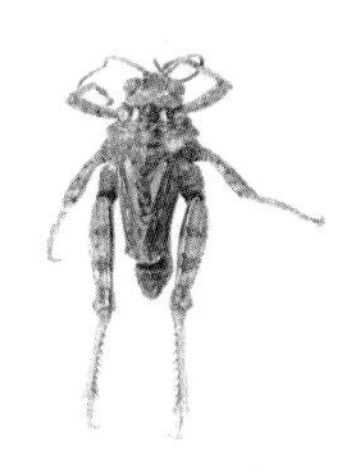

图3-17 (a)裴氏短鼻蝗背视

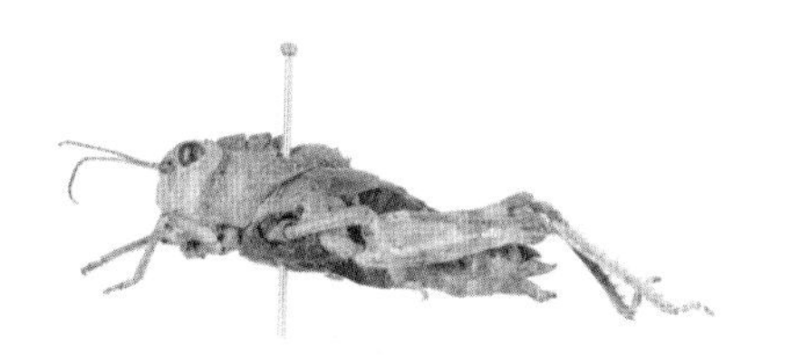

图3-17 (b)裴氏短鼻蝗侧视

18. 黄胫异痂蝗*Bryodemella holdereri holdereri*(Krauss)，1901（图3-18）

形态特征：雌性体长36~38mm。体暗褐色，散布黑色斑点。体大型，较粗壮。头部短，明显短于前胸背板；头侧窝三角形，较明显。触角丝状，较长，超过前胸背板后缘；复眼长椭圆形。前胸背板前端较为狭窄，中隆线明显，不隆起；中央横沟明显，横沟后端比前端略长，后缘稍隆起，并呈钝角三角形突出。胸部侧面观稍隆起。前后翅发达，超出腹部末端；前翅密布深褐色斑点，后翅基部红色，端部透明，翅脉深刻明显，略短于前翅。后足股节上侧具三个黑色圆斑，且有零散黑斑分布其上；粗壮，羽状纹明显，上下侧隆线明显，稍突出；后足胫节暗黄色，中部及端部呈灰黑色；外侧具刺10个，内侧具刺11个。产卵瓣较光滑，端部呈钩状。

分布：黑龙江、吉林、辽宁、山东、甘肃、内蒙古自治区、青海、河北、山西、陕西、新疆维吾尔自治区等；前苏联，蒙古。

寄主：荒漠草原禾本科植物。

图3-18 (a)黄胫异痂蝗背视　　**图3-18 (b)黄胫异痂蝗侧视**

19. 轮纹异痂蝗*Bryodemella tuberculatum dilutum* (Stoll)，1813（图3–19）

异名： *Bryodema tuberculatum sibirica* Ikonnikov。

形态特征： 雄性体长24~30 mm，雌性体长36~38mm。

体大部黄褐色。体大型，匀称。头部颜面侧观较直，颜面隆起略凹；头顶宽圆，侧缘隆线明显。复眼圆形，较突出。触角丝状，略长，超过前胸背板后缘。前胸背板粗糙，中隆线较细，全长明显；后缘钝三角形。前胸腹板略向前隆起。前、后翅发达，明显超过后足股节的顶端。前翅散布黑色斑点；后翅透明，基部红色，主要纵脉明显增粗，粗大纵脉的腹面具有细齿。后足股节上侧具3个黑斑，下侧沿羽状纹具一列黑斑，内侧黑色，粗壮，上侧中隆线平滑，基部外侧上基片长于下基片，下膝侧片下缘几乎直线状；后足胫节黄褐色，顶端暗褐色，内侧具有11个刺，外侧具有9个刺，外端无刺。腹部灰黄褐色。雄性下生殖板圆锥形，雌性产卵瓣较粗，顶端宽平，端部呈钩状，上产卵瓣边缘光滑无齿。

分布： 黑龙江、吉林、辽宁、山东、内蒙古自治区、青海、河北、山西、陕西、新疆维吾尔自治区等；前苏联，蒙古。

寄主： 蒿子牧草、小麦、玉米、粟、莜麦、马铃薯、豆类、大麻。

图3–19 (a)轮纹异痂蝗背视　　图3–19 (b)轮纹异痂蝗侧视

20. 中华剑角蝗*Acrida cinerea* (Thunberg)，1815（图3–20）

形态特征： 成虫体大型，绿色或褐色。雄虫体长30~47mm，雌虫58~81mm；雄虫前翅长25~36mm，雌虫47~65mm；雄虫后足股节长20~22mm，雌虫40~43mm。前胸背板侧隆线在沟后区较分开，后横沟在侧隆线之间平直，不向前弧形突出，侧片后缘较凹入，下部有几个尖锐的节，侧面的后下角锐角形，向后突出。鼓膜板内缘直，角圆形。雄性下生殖板上缘直。雌性下生殖板后缘中突与侧突等长。

分布： 河北、北京、山西、山东、宁夏回族自治区、甘肃、陕西、四川、云南、贵州、江西、湖南、湖北、江苏、安徽、浙江、福建、广西壮族自治区、广东。

寄主： 禾本科牧草。

图3-20　中华剑角蝗

（引自《中国昆虫生态大图鉴》）

21. 日本菱蝗 *Tetrix japonicus* (Bolivar)（图3-21）

形态特征： 雄虫体长约7mm，雌虫体长约9mm；小型，略粗短，黄褐色或暗褐色。复眼突出，但不突出于前胸背板水平以上。头顶宽，背面观宽于复眼，约为复眼宽的2倍；侧面观在复眼之间向前突出。前胸背板背面平坦，侧观前胸背板上缘近直，前缘平直；侧板后缘具2明显凹陷，上面1个凹陷容纳前翅基部。中隆线清晰可见。前胸背板向后延伸达腹部末端，但不超过后足腿节顶端。典型个体在前胸背板中部近前方处，有2明显黑色斑，斑的形状有所不同；有的个体黑斑模糊，或无黑斑而具一些深色小斑点；也有的个体体背从头顶直至前胸背板末端呈淡黄褐色，仅前胸背板中部以前两侧呈暗色。雌虫产卵瓣粗短，上产卵瓣之长度为宽度的3倍，上、下产卵瓣之外缘具细齿。下生殖板后缘中央具三角形突出。

分布： 内蒙古自治区、河北、北京、山西、陕西、宁夏回族自治区、青海、江苏、浙江、湖北、福建、广东、广西壮族自治区、西藏自治区、甘肃。

寄主： 禾本科牧草。

图3-21　日本菱蝗

（引自《昆虫世界》：www.insecta.cn）

22. 单刺蝼蛄*Gryllotalpa unispina* Saussure（图3-22）

形态特征：成虫体长36~55mm，前胸宽7~11mm，黄褐色或灰色，密被细毛。头小，狭长，复眼椭圆形，触角丝状。前胸背板盾形，中央具1个凹陷不明显的暗红色心脏形坑斑。前翅鳞片状，只盖住腹部1/3；后翅折叠如尾状。前足为开掘足，腿节内侧外缘缺刻明显；后足胫节背侧内缘有1根棘或完全消失。腹部末端近圆筒形，尾须细长。

分布：我国长江以北各地。

寄主：禾本科牧草。

23. 东方蝼蛄*Gryllotalpa orientalis* Burmesiter，1839（图3-23）

形态特征：成虫体长30~35mm，灰褐色，腹部色较浅，全身密布细毛。头圆锥形，触角丝状。前胸背板卵圆形，中间具一明显的暗红色长心脏形凹陷斑。前翅灰褐色，较短，仅达腹部中部。后翅扇形，较长，超过腹部末端。腹末具一对尾须。前足为开掘足，后足胫节背面内侧有4个距，别于华北蝼蛄。

分布：全国各地。

寄主：豆科、禾本科牧草及林木幼苗。

图3-22　单刺蝼蛄

（引自《烟草病虫害防治彩色图志》）

图3-23　东方蝼蛄

（引自《烟草病虫害防治彩色图志》）

24. 劳氏粘虫*Leucania loreyi* Duponchel（图3-24）

形态特征： 体长12~14mm，翅展31~33mm。头部与胸部褐赭色，颈板有2条黑线。腹部白色，微带褐色。前翅褐赭色，翅脉微白，两侧衬褐色，各翅脉间均褐色，亚中褶基部有1条黑纵纹，中室下角有1个白点，顶角有1条隐约的内斜纹，外横线为一列黑点；后翅白色，翅脉及外缘区带有褐色。

分布： 除西藏自治区外，全国各省市区都有分布。

寄主： 苏丹草、羊草、披碱草、黑麦草、冰草、狗尾草，麦类、水稻等。

图3-24　劳氏粘虫

（引自《昆虫世界》：www.insecta.cn）

25. 谷粘虫*Leucaniazeae* Duponchel（图3–25）

形态特征：体长11~12mm，翅展26~28mm。头部与胸部淡灰赭色；下唇须外侧及足有黑灰色。腹部灰白色微带赭黄色，翅脉、前缘、后缘及亚中褶基部布有黑色细点，内横线为几个黑点，中室下角有1个白点，其两侧色较暗，外横线黑色，锯齿形，顶角至M2有1条暗灰色斜影，缘线为一列黑点；后翅白色，外缘有一列黑点。

分布：除西藏自治区外，我国其他各省区都有分布。

寄主：苏丹草、羊草、披碱草、黑麦草、冰草、狗尾草，麦类、水稻等。

图3–25　谷粘虫

（引自《中国园林网》: http://www.yuanlin.com）

26. 秀夜蛾（麦穗夜蛾）*Apamea sordens* (Hufnagel)，1766（图3–26）

异名：*Phalaena sordens* Hufnagel，1766、*Trachea basilinea* Denis *et* Schiffermüller，1775、*Noctua basilinea*、*Hadena basistriga*。

形态特征：雄虫体长约15.0 mm，翅展约41.5mm。

头部浅褐色。额两侧具黑纹。下唇须外侧微黑。胸部浅褐色。前翅浅褐色，中区较暗，亚中褶基部一黑纹，基线、外线均双线黑色波浪形，内线黑色，后半波浪形，剑纹小，环纹及肾纹微白，中线黑色，亚端线浅褐色，中段波浪形外弯；后翅浅褐色。腹部浅褐色，毛簇端部黑色。雌虫与雄虫相似。

分布：黑龙江、河北、内蒙古自治区、青海、陕西、甘肃、新疆维吾尔自治区、西藏自治区、四川、云南；保加利亚，波兰，匈牙利，捷克斯洛伐克，罗马尼亚，土耳其，蒙古，日本，俄罗斯，加拿大。

寄主：杂草、蒲公英、麦等。

27. 玉米螟*Ostrinia nubilalis* (Hübner)，1796（图3–27）

形态特征：体长13~15mm。触角丝状，前翅有数条波状和锯齿状暗褐色的斑纹，后翅灰黄色，中央有波状横纹，雌蛾体大色浅，雄蛾体小色深。

分布：除西藏自治区、青海未报道外，我国其他省区皆有为害。

寄主：玉米、高粱、麻类、水稻、大豆等。

图3–26　秀夜蛾

图3–27　玉米螟

（引自《中山市五桂山昆虫彩色图鉴》上册）

28. 黄地老虎*Agrotis segetum* (Denis *et* Schiffermüller)，1775（图3–28）

异名：*Noctua segetum*、*Euxoa segetis*、*Noctua praecox*。

形态特征：雄虫体长14.2~19.5mm，翅展31.4~42.8mm。

头部浅褐色。触角双栉形。胸部浅褐色。前翅浅褐色，带灰色，基线、内线及外线均黑色，亚端线褐色外侧黑灰色，剑纹小，环、肾纹褐色黑边，环纹外端较尖，中线褐色波浪形；后翅白色半透明，前、后缘及端区微褐，翅脉褐色。雌虫与雄虫相似，但色较暗，触角线状，前翅斑纹不显著。

分布：黑龙江、吉林、辽宁、北京、天津、河北、山西、内蒙古自治区、青海、甘肃、新疆维吾尔自治区、湖北、湖南、河南、山东、江苏、安徽、江西、浙江；欧洲，亚洲，非洲。

寄主：麦类、甜菜、棉花、玉米、高粱、烟草、麻、瓜类、马铃薯、蔬菜及多种林木。

图3-28　黄地老虎

29. 粘虫*Pseudaletia separata* (Walker)，1865（图3-29）

异名： *Leucania separta* Walker、*Mythimna separta*。

形态特征： 雄虫体长15.2~17.0 mm，翅展36.0~41.0 mm。头部灰褐色。胸部灰褐色。前翅灰黄褐色、黄色或橙色，内线只现几个黑点，环、肾纹褐黄色，后者后端有一白点，其两侧各一黑点，外线为一列黑点，亚端部自顶角内斜至5脉，翅外缘一列黑点；后翅暗褐色。腹部暗褐色。雌虫与雄虫相似。

分布： 除新疆维吾尔自治区外，我国各省市区均有分布；世界各地。

寄主： 牧草、麦类、粟、稷、高粱、谷子、水稻、玉米、甘蔗等禾本科植物及林木、果树、豆、麻等。

图3-29　粘虫

30. 小地老虎*Agrotis ipsilon* (Hufnagel)，1776（图3-30）

异名： *Phalaena ipsilon* Hufnagel，1766、*Agrotis ypsilon*、*Notua suffuse* Denis *et* Schiffermuller，1775、*Notua robusta*、*Agrotis frivola*、*Agrotis aureolum*。

形态特征： 雄虫体长21.4~23.0 mm，翅展47.5~50.2mm。头部褐色或黑灰色。额上缘具黑条。头顶具黑斑。颈板基部及中部各具1黑横纹。触角双栉形。胸部褐色或黑灰色。前翅褐色或黑灰色，前缘区色较黑，翅脉纹黑色，基线、内线及外线均双线黑色，中线黑色，亚端线灰白色锯齿形，内侧4~6脉间有二楔形黑纹，外侧二黑点，环、肾纹暗灰色，后者外方有一楔形黑纹；后翅白色半透明，翅脉褐色，前缘、顶角及缘线褐色。腹部灰褐色。雌虫与雄虫相似，但色较暗，触角线状。

分布：全国各地；世界各地。

寄主：麦类、甜菜、棉花、玉米、高粱、蔬菜、豌豆、麻、马铃薯、烟草及多种林木。

图3-30　小地老虎

31. 豆野螟*Maruea testulalis*（Geyer），1832（图3-31）

形态特征：成虫体灰褐色，触角丝状，黄褐色。前翅暗褐色，中央有两个白色透明斑，后翅白色透明，近外缘处暗褐色。幼虫老熟时体长14~18mm，黄绿色至粉红色。头部及前胸背板褐色，中、后胸背板上每节前排有黑褐色毛疣4个，各生细长刚毛2根，后排有褐斑2个。复眼初为浅褐色后变红褐色。翅芽伸至第4腹节后缘，将羽化时能透见前翅斑纹。腹部各节背面毛片位置同中、后胸。腹足趾沟双序缺环。

分布：陕西、广东。

寄主：蔬菜、豆科牧草。

图3-31　豆野螟

（引自《蔬菜病虫害诊治原色图鉴》）

32. 黄曲条跳甲*Phyllotreta striolata*(Fabricius)，1803（图3-32）

形态特征：体长1.8~2.4mm，宽0.8mm。体长卵形，背面扁平。黑色，光亮；触角基部3节及跗节深棕色；鞘翅中央具1条黄色纵条，其外侧中部凹曲颇深，内侧中部直形，仅前后两端向内弯曲。头顶在复眼后缘前部具深的刻点。触角之间隆起，脊纹狭隘显著。触角第一节长大，雄虫触角4、5节特别膨大粗壮。前胸背板散布深密刻点，有时较稀疏。小盾片光滑无刻点。鞘翅刻点较胸部细浅，其排列亦多呈行列。

分布：国内各省区皆有分布。

寄主：鹅观草、黑麦草、狗尾草、早熟禾、苏丹草等。

33. 黄宽条跳甲*Phyllotreta humilis* Weise，1887（图3-33）

形态特征：体长1.8~2.2mm。头、胸部黑色，光亮；鞘翅中缝和周缘黑色，每翅具1个极宽大的黄色纵条斑，其最狭处亦占鞘翅宽度的一半有余，而以肩部下最宽阔，外侧几乎接触边缘，渐向内斜下，中央无弓形弯曲。腹面黑色；足胫、跗节棕色；触角基部棕色，端部数节色泽较深或呈棕黑色。头顶具稀疏刻点；触角之间高耸，脊纹颇明显。触角向后伸达鞘翅中部。前胸背板有时具革状细纹，刻点很深密。鞘翅上具有较浅小刻点，分布整齐，部分呈行列状。雄虫腹部末端有1个微小凹陷。

分布：宁夏回族自治区、甘肃、内蒙古自治区、河北、东北等。

寄主：鹅观草、黑麦草、狗尾草、早熟禾、苏丹草等。

图3-32　黄曲条跳甲

（引自《辽宁甲虫原色图鉴》）

图3-33　黄宽条跳甲

（引自《辽宁甲虫原色图鉴》）

34. 黄狭条跳甲*Phyllotreta vittula* (Redtenbacher)，1849（图3–34）

形态特征：体长1.5~1.8mm。体黑色。头部及前胸背板具绿色金属光泽；触角基部6节棕黄色，极光亮，其余各节深暗，至末端呈黑褐色。足股节多为棕黑色，胫节、跗节棕色，后者色泽更浅。鞘翅中央有1黄色直形纵条，甚狭小，前端近鞘翅基部之外侧端部略成一直角凹曲，以致黄条不蔽及鞘翅肩；瘤。头顶具细小刻点。前胸两侧缘中央略呈弧形，表面具革状细纹，满布深密刻点。鞘翅两边平行，基部约与前胸背板等宽，末端呈较宽阔圆形；表面刻点排列成行。

分布：宁夏回族自治区、甘肃、内蒙古自治区、河北、东北地区等。

寄主：鹅观草、黑麦草、狗尾草、早熟禾、苏丹草等。

图3–34　黄狭条跳甲

（引自《辽宁甲虫原色图鉴》）

35. 黄直条跳甲*Phyllotreta rectilineata* Chen，1939（图3–35）

形态特征：体长2.2~2.8mm。体长形，黑色，极光亮，似带金属光泽；触角基部3节，各足胫、跗节棕红色，后者色泽较深暗。鞘翅中央具1个黄色直形纵条斑，仅在外侧呈现极微浅的弯曲，其前端伸展至翅基，畸形狭窄。头顶密布深刻刻点；额瘤消失，中央则有1条极短的小深刻纵沟，此沟有时短如刻点。触角约为体长之半，端节五节略粗短。前胸背板宽大于长，背面略高凸，分布深大刻点。小盾片光滑。鞘翅刻点较胸部的稍细，基部较粗且显，渐向端末变浅细，黄色纵斑内又较黑色部分浅细。

分布：宁夏回族自治区、甘肃、内蒙古自治区、河北、东北地区等。

寄主：鹅观草、黑麦草、狗尾草、早熟禾、苏丹草等。

图3-35　黄直条跳甲

（引自《农业资源网》：http://www.nyzyw.com）

36. 黑皱鳃金龟*Trematodes tenebrioides* (Pallas)，1871（图3-36）

别名：无翅黑金龟、无后翅黑金龟、无翅黑金龟子、黑皱金龟子。

形态特征：雄虫体长13.5~17.0 mm，宽8.0~9.5mm。体中型，较短宽，前胸与鞘翅基部明显收狭，夹成钝角。黑色，较晦暗。头大。唇基横阔，密布深大蜂窝状刻点，侧缘近平行，前缘中段微弧凹，测角圆弧形。额唇基缝微陷。额头顶部刻点更大更密，后头刻点小。触角有10节，鳃片部3节短小。下颚须末节长纺锤形。前胸背板短阔，密布深大刻点。前胸背板前缘侧缘有边框，侧缘弧形扩出，有具毛缺刻；后段近直，后侧角钝角形。小盾片短阔。足粗壮。前足胫节外缘3齿。前、中足跗端之内外爪大小差异明显。鞘翅粗皱，纵肋几乎不可辨，肩突、端突不发达。腹部中央深深凹陷，末腹板中段前部水平浮雕多数较狭尖。雌虫：与雄虫相似，但腹部饱满。

分布：吉林、辽宁、北京、天津、河北、山西、内蒙古自治区、宁夏回族自治区、青海、陕西、甘肃、湖南、河南、山东、江苏、安徽、江西和台湾省。

寄主：蔬菜，豆科、禾本科牧草。

图3-36　黑皱鳃金龟

37. 大皱鳃金龟*Trematodes grandis* Semenov，1902（图3–37）

形态特征：雄虫体长18.5~21.5mm，宽10.0~12.0 mm。体中型偏大。黑色。头阔大。唇基长大，近梯形，边缘高高折翘，密布不整圆形刻点，侧缘近斜直，前缘微中凹。额头顶部平坦，密布不整圆形刻点。触角有10节，鳃片部由后3节组成。下颚须末节较短粗。前胸背板侧缘后段微弯曲，后侧角略向下方延展，近直角形。小盾片短阔，基部两边散布刻点。中足、后足胫节有2道具刺横脊，上一道横脊短。后足跗节第1、2节长约相等；各足跗节端部2爪大小差异明显。鞘翅长大，4条纵肋可辨，均布浅大刻点，肩突较大，端凸不见。腹部臀板短阔微皱，表面晦暗。雌虫与雄虫相似。

分布：内蒙古自治区、宁夏回族自治区、陕西、甘肃。

寄主：榆、多种固沙植物等。

图3–37　大皱鳃金龟

38. 弯齿琵甲*Blaps (Blaps) femoralis femoralis* Fischer–Waldheim，1844（图3–38）

异名：*Pandarus femoralis*、*Blaps femoralis*。

形态特征：雄虫体长16.5~21.5mm，宽6.5~8.0 mm。体粗壮，宽卵形，黑色，弱光亮。上唇前缘弱凹，被棕色刚毛；唇基前缘直，侧角略伸；额唇基沟明显；头顶具稠密浅刻点。触角粗短，长达前胸背板中部，第4~7节近等长，第7节端部略膨大；第8~10节近球形，末节尖卵形；第2~11节长（宽）比为：4.5（5），15.5（5.0），6.0（6.0），6.5（5.5），5.5（5.0），6.0（7.0），4.5（7.5），6.5（8.5），6.0（8.0），9.0（7.0）。颏横椭圆形，几无缺刻。前胸背板近方形，长宽近相等；前缘深凹并有毛列，饰边宽断；侧缘略隆起，端1/3处略宽，向前弧形、向后斜直收缩；饰边完整；基部中央弱凹，粗饰边宽断；前角圆钝，后角近直角形；盘区略隆，基部略扁凹，稠密的圆刻点在中间略稀疏，中纵凹浅。前胸侧板纵皱纹稠密，近基节窝处深；前胸腹突中沟深，垂直下折部分端部扩展；中、后胸腹部可见腹板小颗粒稠密。鞘翅宽卵形，长大于宽1.5倍，基部宽于前胸背板基部；侧缘饰边完整，由背面看不到其全长；翅面圆拱，端部1/4降落，密布扁平的横皱纹，端部夹杂小颗粒；翅尾短（0.5~1.0 mm）；假缘折鲨皮状。腹部第1~3可见腹板皱纹稠密，端部2节圆刻点稠密，肛节扁凹；第1~2可见腹板间具锈红色毛刷。足粗短，各腿节光亮，具细纹；前足腿节下侧端部具1弯齿，但在有些个体略钝，胫节直，端部不变粗；中足腿节下侧具1直角形齿；中、后足胫节具稠密刺状毛，端部截面喇叭口形；后足跗节粗短，第1~4节较长度比为：1.9，0.7，0.7，2.0。阳基侧突三角形，顶钝，背面有沟槽，基板长于阳基侧突2.4倍，阳基侧突长大于宽1.8倍。

雌虫体长17.5~22.5mm，宽7.0~10.5mm。与雄虫相似，但近于无翅尾，端生殖刺突末端较尖锐。

分布：河北、山西、内蒙古自治区、陕西、甘肃、宁夏回族自治区；蒙古。

寄主：杂，沙蒿、骆驼蓬等。

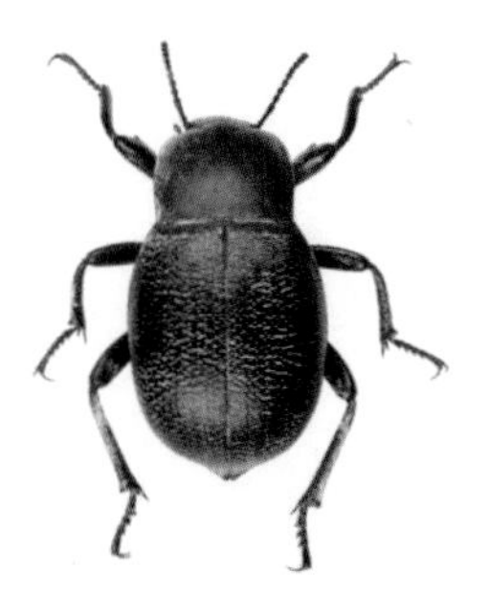

图3-38 弯齿琵甲

39. 钝齿琵甲*Blaps femoralis medusula* Skopin，1964（图3-39）

形态特征：上唇前缘略凹，背面中部横列7根粗短刚毛，中央2根、每侧缘5（偶有一侧4）根细长刚毛。内唇前缘4根短刚毛，每侧缘刺和刚毛10~17根，达侧后缘，唇盘刺区的刺几乎达中部。上颚外侧龙骨突基部2根刚毛，关节窝上方的膜质隆突上5根（偶有一侧4根）刚毛，左上颚腹面外侧关节突的上方有2-11根刚毛。触角第1节长于第2节，侧单眼5个二横排。前颏中部2~6根、颏部侧后方8~16根、亚颏中后部12~24根刚毛。前足刚毛式为5~8:7~16(3~4):4~5(4~5)，中后足刚毛式为4~5:5~7:3~4。第8腹节帽状，每侧后缘6~12根刺、排列不整齐。侧面观背面缓慢下折，端部上翘。尾突明显，呈扁圆锥形；端动刺明显低于末端突。中胸气门约为第1腹气门的1.5倍，第1腹气门大于其他腹气门，第2~7腹气门由前向后逐渐变小。

分布：内蒙古自治区西部；蒙古。

寄主：长芒草，取食植物根部。

图3-39 钝齿琵甲

（引自《新疆维吾尔自治区昆虫原色图鉴》）

40. 大牙锯天牛*Dorysthenes (Cyrtognathus) paradoxus* Faldermann，1833（图3-40）

形态特征：成虫体长33 ~ 41mm，宽12.5 ~ 15.5mm，略呈圆筒形。棕栗色至黑褐色稍带金属光泽，触角、足红棕色。头长大，向前突出，中央具细纵沟。上颚特长，呈刀状，彼此交叉，向腹面后弯。下颚须末端膨大成喇叭状。触角有12节。雄虫触角伸达鞘翅近中部，第3 ~ 10节各节外端角尖锐；雌虫触角细短。前胸短阔，侧缘具2齿紧挨，前齿小，中齿尖大。小盾片舌形。鞘翅基部芝大，向后端渐窄，肩钝圆，颖角直尖，每鞘翅具2或3条纵脊。雌虫腹基中央向前弧突。足第3跗节两叶状，第4跗节短小，双爪。

分布：宁夏回族自治区、甘肃、内蒙古自治区、青海、河北、山西、陕西等。

寄主：禾本科植物。

图3-40　大牙锯天牛

（引自《中国北方农业害虫原色图鉴》）

41. 红缝草天牛*Eodorcadion chinganicum* Suvorov，1909（图3-41）

形态特征：体长15.0~19.0mm，宽6.0~8.0mm。头、额红褐色，刻点密，覆白短毛，中纵沟明显，沟两侧突起；触角红褐色，柄节长于第3节，从第3节起，各节基部近1/3覆灰白色短毛。前胸背板深红褐色，宽略超长，前缘微凸，后缘直，侧刺突尖朝上；胸面具前后横沟，中纵沟域宽深。小盾片宽三角形，两侧有白毛。鞘翅红褐色，端缘圆形，足棕褐色；后足胫节稍弯，第1跗节短于末跗节。

分布：黑龙江、吉林、辽宁、内蒙古自治区。

寄主：披碱草。

图3-41　红缝草天牛

（引自《辽宁甲虫原色图鉴》）

42. 密条草天牛*Eodorcadion virgatum* (Motschulsky)，1854（图3-42）

形态特征：体长12.0~22.0mm，宽5.5~9.5mm。长卵形，黑至黑褐色。头、前胸背板各有2条大致平行的淡灰或灰黄绒毛纵纹。触角：雄虫深达鞘翅端；雌虫稍短。环节基部覆浅色绒毛。前胸背板宽超长，前缘微凸，后缘平直，顶端较钝；胸面刻点粗大，中央有1条基部深凹纵沟。小盾片横长三角形，顶端钝，边缘覆浅色短绒毛。鞘翅肩瘤显著，两侧缘圆弧凸，中部最宽，端缘圆，腹末2节外露；每鞘翅有8条灰白或黄绒毛纵条纹，条纹宽窄不一，沿汇合缝成1条黑色宽纵裸带。

分布：黑龙江、吉林、辽宁、北京、河北、山西、内蒙古自治区、陕西、甘肃、湖南、浙江、上海；蒙古，朝鲜，俄罗斯。

寄主：灌木、碱草、披碱草等。

图3-42　密条草天牛

（引自《辽宁甲虫原色图鉴》）

43. 白茨粗角萤叶甲*Diorhabda rybakowi* Weise，1890（图3-43）

别名：白茨萤叶甲、白茨一条萤叶甲。

形态特征：雄虫体长4.5~5.5mm，宽3.0~4.2mm。体长形。头部从后头向前为1“山”形黑斑。头顶具中央纵沟及较密刻点。额瘤发达，光滑无刻点。触角11节，除第1节外，第3节最长，长约为第2节的4倍，第4节的1.5倍；第11节具亚节。触角1~3节背面黑褐色，腹面黄色。第4~11节黑褐色。前胸背板黄色，具中部稀少、两侧较密的刻点，中部两侧各具1较深凹洼，具5个斑：中部及两侧各1个斑，中斑上、下各1斑。基缘中部浅凹。小盾片舌形，具刻点，黄色。腿节较发达，爪简单。足黄色，腿节和胫节相接处、胫节端部、跗节黑褐色。鞘翅黄色，布细于前胸背板、间距为自身直径2~4倍的刻点，具1条黑褐色纵纹。隆起，肩胛微隆。腹部黄色，具较细密的刻点和纤毛。各节腹板两侧各具1黑斑，第3~5节后缘中部黑褐色。雌虫与雄虫相似。

分布：内蒙古自治区、宁夏回族自治区、青海、陕西、甘肃、新疆维吾尔自治区、四川；蒙古。

寄主：白茨。

图3-43　白茨粗角萤叶甲

44. 漠金叶甲*Chrysolina aeruginosa* (Faldermann)，1835（图3-44）

异名：*Chrysomela aeruginosa*、*Oreina aeruginosa*。

形态特征：雄虫体长7.2~8.5mm，宽4.2~5.4 mm。卵圆形。头部蓝紫色，光亮。头顶具稀、细刻点。触角11节，第2节球形；第3节细长，长约为第2节的1.5~2倍；第4节短于第3节；端末5节加粗。触角酱红色或黑色。胸部蓝紫色，光亮。前胸背板中部密布与头部等粗刻点；两侧靠近侧缘显著纵行隆起，其内侧纵凹内刻点粗大紧密。小盾片舌形，不具刻点。足蓝紫色。鞘翅铜绿色，周缘蓝紫色，光亮，布粗、深刻点，刻点从外侧向中缝、从基部向端部渐细，略呈双行排列，行距上具细刻点和横皱纹。雌虫与雄虫相似，但各足跗节第1节腹面沿中线光秃。

分布：黑龙江、吉林、北京、河北、内蒙古自治区、宁夏回族自治区、青海、甘肃、西藏自治区、四川；朝鲜，俄罗斯。

寄主：黑沙蒿、白沙蒿等蒿属植物（田畴，1988；虞佩玉等，1996）。

图3-44 漠金叶甲

45. 中华萝藦肖叶甲*Chrysochus chinensis* Baly，1859（图3-45）

异名：*Chrysochus singularis* Lefèvre，1884、*Chrysochus goniostoma* Weise，1889、*Chrysochus cyclostoma* Weise，1889。

形态特征：雄虫体长7.0~13.6mm，宽4.0~7.2mm。体粗壮，长卵形。金属蓝或蓝绿、蓝紫色。头部刻点或稀或密，或深或浅，一般在唇基处刻点较其余部分细密，毛被也较密。头中央有一条细纵纹，有时不明显。触角基部各有1隆起的光滑瘤。触角较长或较短，达到或超过鞘翅肩部。第1节膨大，呈球形；第2节短小；第3节较长，约为第2节长的两倍；第3~5节长短比例有变异，或第3、第4、第5节等长，或第3、第5节等长，长于第4节，或第5节长于第3、第4节；末端5节稍粗且较长。触角黑色，第1节背面具金属光泽，第1~4节常为深褐色，末端5节乌暗无光泽。前胸背板长大于宽，基端两处较狭；盘区中部高隆，两侧低下，如球面形，前角突出；侧边明显，中部之前呈弧圆形，中部之后较直；盘区刻点或稀或密，或细或粗。小盾片心形或三角形，表面光滑或具细微刻点。蓝黑色，有时中部有1红斑。中胸腹板宽，方形，后缘中部有1向后指的小尖刺。爪双裂。鞘翅基部稍宽于前胸，肩部和基部均隆起，二者之间有1纵凹沟，基部之后有1或深或浅横凹；盘区刻点大小不一，一般在横凹处和肩部下面刻点较大，排列成略规则纵行或不规则排列。

雌虫与雄虫相似，但中胸腹板后缘中部稍向后凸出，无向后指的小尖刺；前足、中足第1跗节较雄虫窄。

分布：黑龙江、吉林、辽宁、河北、山西、内蒙古自治区、宁夏回族自治区、青海、陕西、甘肃、云南、河南、山东、江苏、江西、浙江；朝鲜，日本，西伯利亚。

寄主： 黄芪属、罗布麻属、曼陀罗、鹅绒藤、戟叶鹅绒藤、徐长卿、茄、芋、甘薯、蕹菜、雀瓢。

46. 麦秆蝇*Meromyza saltatrix* Linnaeus（图3–46）

形态特征： 雄性体长3.0～3.5mm，雌性体长3.7～4.5mm，体为浅黄绿色，复眼黑色；单眼区褐斑较大，边缘越出单眼之外；胸部背面具3条黑色或深褐色纵纹，中间一条纵纹前宽后窄；触角黄色，小腮须黑色，基部黄色；足绿色；后足腿节膨大。

分布： 内蒙古自治区、甘肃、新疆维吾尔自治区、青海、河北、山西、陕西、宁夏回族自治区、河南、山东、四川、云南、广东等。

寄主： 小麦、大麦草、黑麦草、披碱草、白草、狗尾草、赖草绿毛鹅观草、雀麦、早熟禾、马唐等。

图3–45　中华萝藦肖叶甲

图3–46　麦秆蝇

47. 青稞穗蝇*Nanna truncata* Fan（图3–47）

形态特征： 成虫体黑色，雄体长5.0~5.5mm，雌5.0~6.0mm，翅展9.5~11.2mm。头和胸部暗灰色。触角黑色，芒具极短的毳毛。腹部黑色，末端稍尖，椭圆形，生殖器位于末端。翅具紫色光泽，前缘基鳞、亚前缘骨片、腋瓣、平衡棒均淡黄。足除中后足基节暗色外，其余各节均呈黄色，后足腿节尤明显。前足腿节前面的黑色鬃7~11个（平均9个）。腹略呈圆柱形，具薄的淡灰粉被，侧尾叶末端钝平。

分布：多分布于青海、甘肃，在青海脑山地区发生严重。

寄主：青稞、大麦草、黑麦草、燕麦草、冰草等。

48. 麦种蝇*Hylemyia coarctata* Fallen（图3–48）

形态特征：雄成虫体暗灰色，头银灰色，窄额，额条黑色；复眼暗褐色；触角黑色，腹部上下扁平，狭长细瘦，较胸部色深；翅浅黄色，具细蝗褐色脉纹，平衡棒黄色；足黑色。雌虫体灰黄色。卵长椭圆形，腹面略凹，背面凸起，一端尖削，一端较平，初乳白色，后变浅黄白色，具细小纵纹。幼虫体蛆状，乳白色，老熟时略带黄色。围蛹纺锤形，初为淡黄色，后变黄褐色，两端稍带黑色，羽化前黑褐色，稍扁平，后端圆形有突起。

分布：新疆维吾尔自治区、甘肃、宁夏回族自治区、青海、陕西、内蒙古自治区、山西、黑龙江等。

寄主：为害小麦、黑麦、赖草和冰草等植物。

图3–47 青稞穗蝇

（引自《中国百科网》：http://www.chinabaike.com）

图3–48 麦种蝇

（引自《作物病虫害诊断与防治》）

49. 豌豆潜叶蝇*Chromatomyia horticola*（Goureau）（图3–49）

异名：*Phytomyza atricornis* Meigen，*P. nigricornis* Hardy. 、*Phytomyza horticola* (Gourean).

形态特征：体小，似果蝇。雌虫体长2.3~2.7mm，翅展6.3~7.0mm。雄虫体长1.8~2.1mm，翅展5.2~5.6mm。全体暗灰色而有稀疏的刚毛。头部黄色，复眼椭圆形，红褐色至黑褐色。胸部、腹部及足灰黑色，但中胸侧板、翅基、腿节末端，短腹节后缘黄色。触角黑色，分3节，第3节近方形，触角芒细长，分成2

节，其长度略大于第3节的2倍。翅透明，但有虹彩反光。

分布：全国各地。

寄主：杂。

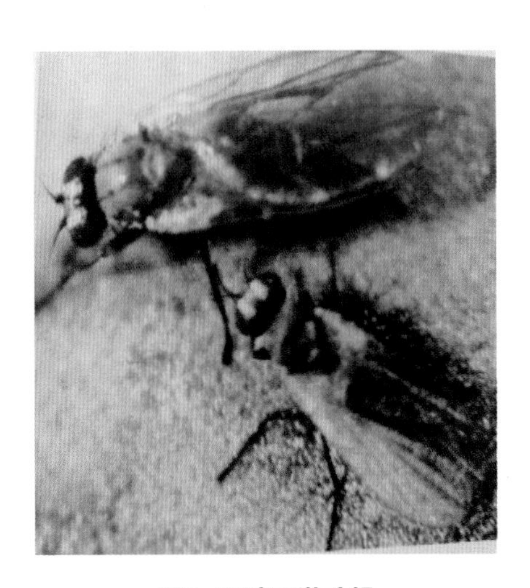

图3–49豌豆潜叶蝇

（引自《中国北方农业害虫原色图鉴》）

50. 条赤须盲蝽*Trigonotylus coelestialium* (Kirkaldy)，1902（图3–50）

异名：Megaloceraea *coelestialium* Kirkaldy，1902、*Trigonotylus coelestialium* (Kirkaldy)、*Trigonotylus procerus* Jorigtoo *et* Nonnaizab，1993。

形态特征：体长4.6~6.4 mm，宽1.2~1.6mm。鲜绿色，干标本污黄褐色，体近一色。头背面具淡褐至淡红褐色中纵细纹，又沿触角基内缘至头后缘间有一淡褐色细纵纹。眼至触角窝间的距离约为触角第一节直径之半。触角红，第一节有明显的红色纵纹3条，纹的边缘明确，具暗色毛，但不呈明显的硬刚毛状。喙明显伸过中胸腹板后缘，几达或略过中足基节后缘。前胸背板长宽比约为1∶1.8，有时有很隐约的暗色纵纹4条，中央一对位于中纵低棱的两侧，侧方一对位于侧边的内侧，色较淡而隐约；前胸背板侧边区域具稀疏淡色小刚毛状毛外，盘域毛几不可辨。小盾片中纵纹淡色，两侧有时易有暗色纵纹。中胸盾片外露甚多。爪片与革片一色，毛黄褐或淡褐，短小，较稀，半平伏。胫节端部及跗节红色、红褐色至黑褐色不等；后足胫节刺淡黄褐。

分布：黑龙江、吉林、辽宁、河北、山西、内蒙古自治区、宁夏回族自治区、陕西、甘肃、新疆维吾尔自治区、四川、云南、湖北、河南、山东、江苏、江西；朝鲜，俄罗斯，欧洲，北美。

寄主：羊草、赖草、芦苇、苏丹草、无芒雀麦、大麦、黑麦、玉米、高粱、谷子等。

51. 横带红长蝽*Lygaeus equestris* (Linnaeus)，1758（图3–51）

形态特征：体长12.5~14mm，宽4~4.5mm，朱红色。头三角形，前端、后缘、下方及复眼内侧黑色。复眼半球形，褐色，单眼红褐。触角4节，黑色，第1节短粗，第2节最长，第4节略短于第3节。喙黑，伸过中足基节。前胸背板梯形，朱红色，前缘黑，后缘常有一个双驼峰形黑纹。小盾片三角形，黑色，两侧稍凹。前翅革片朱红色，爪片中部有一圆形黑斑，顶端暗色，革片近中部有一条不规则的黑横带，膜片黑褐色，一般与腹部末端等长，基部具不规则的白色横纹，中央有一个圆形白斑。足及胸部下方黑色，跗节3节，第1节长，第2节短，爪黑色。腹部背面朱红，下方各节前缘有2个黑斑，侧缘端角黑。

分布：蒙古、俄罗斯、日本、印度、英国；黑龙江、吉林、辽宁、内蒙古自治区、河北、山西、陕西、宁夏回族自治区。

寄主：鹅绒藤、徐长卿、榆、柠条、沙枣、枸杞、艾蒿、白菜、甘蓝等。

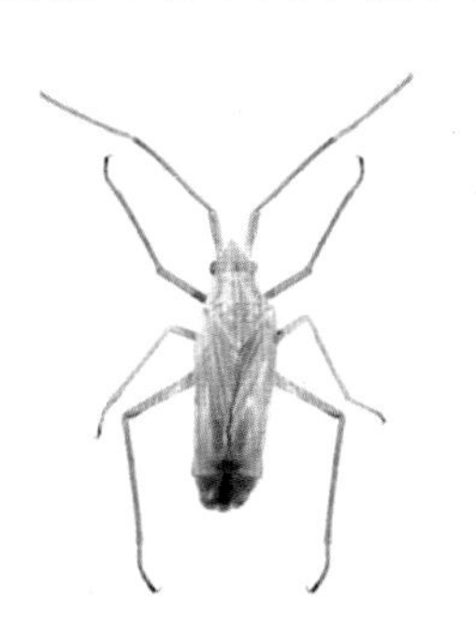

图3–50　条赤须盲蝽

图3–51　横带红长蝽

（引自《沈阳昆虫原色图鉴》）

52. 横纹菜蝽*Eurydema gebleri* Kolenati，1846（图3–52）

形态特征：体长5.5~7.5mm，宽3~4mm；椭圆形。头部黑色，边缘黄红。复眼前方内侧各有1黄色斑；触角黑色，每节端部白色。前胸背板黄、红色、有大黑斑4块，前2后4横向排列，后排中间2黑斑中间及后缘红色。小盾片基部呈1近三角形大黑斑，近端处两侧各有一小黑斑；除黑色部分外，由端部向基部如一黄、红色“丫”字。腹部腹面黄色，各节中央有1对黑斑，近边缘处每侧有一黑斑。足腿节黄红色，但端部黑色，具一白斑；胫节中部白色，两端黑色；跗节黑色。

分布：黑龙江、吉林、辽宁、内蒙古自治区、宁夏回族自治区、甘肃、新疆维吾尔自治区、河北、陕西、山东、江苏、安徽、湖北、四川、贵州、云南、西藏自治区。

寄主：食性杂，为害蔬菜及杂草。

图3–52　横纹菜蝽

（引自《新疆维吾尔自治区昆虫原色图鉴》）

53. 紫翅果蝽*Carpocoris purpureipennis* De Geer（图3–53）

形态特征：体长12~13mm，宽7.5~8.0mm；宽椭圆形，黄褐色至紫褐色。头部侧缘及基部黑色；触角黑色。前胸背板前半部有4条宽纵黑带，侧角端处黑色；小盾片末端淡色。翅膜片淡烟褐色，几内角有大黑斑，外缘端处呈一黑斑。腹部侧接缘黄黑相间，体腹面及足黑色。

分布：黑龙江、吉林、山西、陕西、青海，金昌、兰州、天水；南欧、克什米尔。

寄主：果树、豆科、禾本科牧草。

54. 麦长管蚜*Macrosiphum avenae* (Fabricius)，1775（图3–54）

形态特征：无翅孤雌蚜：体长卵形，长3.1mm，宽1.4mm；草绿或橙红色。

头部灰绿色，中额微隆，额瘤明显外倾。触角细长，黑色。腹部两侧有不甚明显的灰绿色斑，腹部6~8节及腹面明显横网纹。腹管黑色，长圆筒形，端部1/3~1/4有网纹13~14行。尾片长圆锥形，有长短毛6~10根。足淡绿色，腿节端部胫节端部及跗节黑色。有翅孤雌蚜体椭圆形，长3.0mm，宽1.2mm。头、胸部褐色骨化，腹部色淡，各节有断续褐色背斑，第1~4节具圆形绿斑。触角与体等长，黑色，第三节有圆形感光圈8~12个。腹管长圆筒形，端部有15~16横行网纹。尾片长圆锥形，有长毛8~9根。尾板毛10~17根。前翅中脉3分叉。特征与无翅型相似。

分布：全国各省区皆有发生。

寄主：披碱草、雀麦、鹅观草、苏丹草、冰草、赖草、看麦娘、白羊茅等。

图3-53 紫翅果蝽

（引自《新疆昆虫原色图鉴》）

图3-54 麦长管蚜

55.麦二叉蚜*Schizaphis graminum* (Rondani)，1852（图3-55）

形态特征：无翅孤雌蚜：体卵圆形，长2mm，宽1mm；淡绿色，背中线深绿色。头前方有瓦纹，背面光滑，中额瘤稍隆起，额瘤稍高于中额瘤。触角有瓦纹，黑色，但第三节基半部及第1、2节淡色。喙长超过中足基部，足淡色至灰色。尾管色淡，顶端黑色，长圆筒形，尾片及尾板灰褐色，尾片长圆锥形。有翅孤雌蚜：体长卵形，长1.8mm，宽0.73mm。头胸黑色腹部淡色，有灰褐色微弱斑纹。腹部第2~4节缘斑甚小。触角黑色，足灰黑色，腹管淡绿色略有瓦纹，短圆筒形，前翅中脉分为2叉。

分布：中国及世界广泛分布。

寄主：披碱草、雀麦、鹅观草、苏丹草、冰草、赖草、看麦娘、白羊茅等。

图3-55 麦二叉蚜

56. 禾谷缢管蚜*Rhopalosiphum padi* (Linnaeus)，1758（图3-56）

形态特征：无翅孤雌蚜：体宽卵形，长1.9mm，宽1.1mm。橄榄绿至黑绿色，杂以黄绿色纹，常被白色薄粉，腹管基部周围常有淡褐色或锈色斑。头部光滑，但头前部有曲纹。触角黑色，第三节有瓦纹；触角为体长的0.7倍。喙色淡，但端节端部灰黑色。足色淡，胫节端部1/4及跗节灰黑色。缘瘤指状，位于前胸及腹部第1、7节。中胸腹叉无柄。腹管灰黑色，长圆筒形，顶部收缩，有瓦纹缘突明显，无切迹。尾片及尾板灰黑色。尾片圆锥形，具曲毛4根，有微刺构成的瓦纹。有翅孤雌蚜：体长卵形，长2.1mm，宽1.1mm。头、胸黑色，腹部绿至深绿色。腹部第2~4节有大型绿斑；腹管后斑大，围绕腹管向前延伸，与很小的腹管前斑相合。节间斑灰黑色，腹管黑色。喙第三节基端节黑色。触角第3节有小圆形至长圆形次生感觉圈19~28个，分散于全长。

分布：华北、东北、华东、华南、西南、西北地区；朝鲜，日本，约旦，埃及，欧洲，新西兰，北美。

寄主：披碱草、雀麦、鹅观草、苏丹草、冰草、赖草、看麦娘、白羊茅等。

57. 麦无网长管蚜*Acyrthosiphon dirhodum* (Walker)，1849（图3-57）

形态特征：无翅孤雌蚜体纺锤形，长2.5mm，宽1.1mm。蜡白色，体表光滑。触角细长有瓦纹，腹管蜡白色，顶端色较暗，长筒形，有瓦纹，基部几与端部同宽，具缘突及切迹。尾片舌形，基部收缩，有刺突、瓦纹及粗长毛7~9根。

尾板末端圆形，有8~10根毛。有翅孤雌蚜体纺锤形，长2.3mm，宽0.91mm。蜡白色，头胸黄色。触角第3节有小圆形感觉圈10~20个，分布全节外缘1列。腹管长圆筒形，约与触角第5节等长。尾片毛6~9根；尾板毛9~14根。

分布：华北、东北、华东、华南、西南、西北地区；朝鲜，日本，约旦，埃及，欧洲，新西兰，北美。

寄主：麦类。

图3–56 禾谷缢管蚜

（引自《沈阳昆虫原色图鉴》）

图3–57 麦无网长管蚜

（引自《作物病虫害诊断与防治》）

58. 大青叶蝉*Cicadella viridis* (Linnaeus)，1758（图3–58）

形态特征：成虫体长7.2 ~ 10.1mm，青绿色。头冠部淡黄绿色，前部左右各有1组淡褐色弯曲横纹，此横纹与前下方后唇基横纹相接。两单眼间有1对多边形黑斑。前胸后2/3深绿色，前1/3黄绿色。小盾片三角形、黄色。前翅绿色，微带蓝色，末端灰白色，透明，翅脉青黄色；后翅烟黑色，半透明。腹部背面黑无能，两侧及末节橙黄色带烟黑色。足黄白色至橙黄色。朝鲜族长1.6mm，宽0.4mm，长椭圆形，一端尖，黄白色。初孵若虫灰白色，头大腹小。3龄后变黄绿色，胸、腹背面有4条褐色纵纹。具翅芽。

分布：甘肃、宁夏回族自治区、内蒙古自治区、新疆维吾尔自治区、河南、河北、山东、山西、江苏等。

寄主：禾本科作物和牧草、豆类、十字花科植物以及树木等。

59. 二点叶蝉*Cicadula fasciifrons* (Stal)（图3–59）

形态特征：体连翅长3.5~4.4mm，体淡黄绿色。头部黄绿色，头冠后部接近后缘处，有明显的黑色圆点，前部有2对黑色横纹，前1对位于头冠前缘，与颜面额唇基区两侧的黑色横纹接连并列；额唇区的黑色横纹有多对，中间常有1暗色纵纹；头冠部中线短；复眼黑褐色，单眼淡黄色。前胸背板黄绿色，中后部隐现出暗色。小盾片鲜黄绿色，小盾片鲜黄绿色。足淡黄色，腿节及胫节具黑色条纹，后足胫刺基部有黑点。

分布：东北地区、华北地区、内蒙古自治区、宁夏回族自治区以及南方各省区；朝鲜、日本、俄罗斯及欧洲、北美洲。

寄主：禾本科牧草、小麦、水稻以及棉花、大豆、蔬菜等。

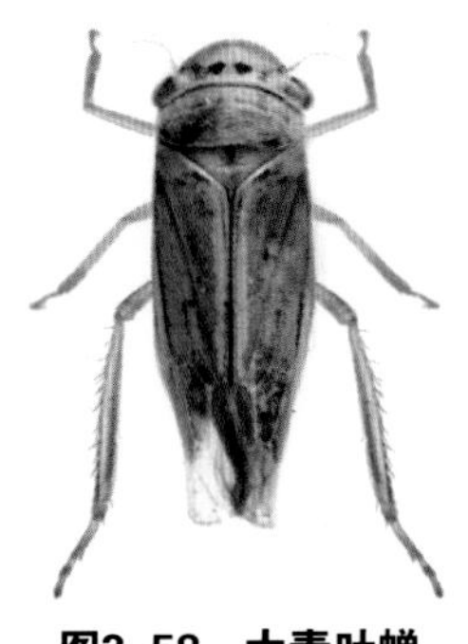

图3-58　大青叶蝉

图3-59　二点叶蝉

（引自《水稻病虫害彩色图鉴》）

60. 黑尾叶蝉*Nephotettix cincticeps* (Uhler)，1896（图3-60）

异名：*Selenocephalus cincticeps* Uhler，1896、*Nephotettix bipunctatuss* (Fabricius)、*Nephotettix apicalis* (Motschulsky)、*Nephotettix bipunctatuss cincticeps*、*Nephotettix apicalis cincticeps*、*Nephotettix cincticeps*、*Paramesus cincticeps*。

形态特征：雄虫体长4.5~6.0 mm。体黄绿色。头部与前胸背板等宽，向前成钝圆角突出，黄绿色，在头冠复眼间接近前缘处有1条黑色横凹沟，内有1条黑色亚缘横带，带的后方连接黑色中纵线。复眼黑褐色，单眼黄绿色。额唇基区黑色，内有小黄点，前唇基及颊区为淡黄绿色，其间存在黑色斑纹，斑纹大小变化不一。前胸背板两性均为黄绿色，但后半色深为淡蓝绿色。小盾板黄绿色。前翅淡蓝绿色，前缘区淡黄绿色，翅端1/3为黑色，有时在一些个体中，于翅中部有一个黑色斑点。胸部腹面全为黑色，仅环节边缘淡黄绿。各足均为黄色，各节具黑色斑纹。腹部腹面及背面全为黑色，仅环节边缘淡黄绿。雌虫与雄虫相似，但颜面为淡黄褐色，额唇基的基部两侧区各有数条淡褐色横纹，颊区色淡黄绿。胸部腹面淡稿黄色。前翅翅端1/3为淡褐色。腹部腹面淡稿黄色，背面黑色。

分布：黑龙江、吉林、辽宁、北京、天津、河北、山西、内蒙古自治区、甘肃、四川、云南、贵州、西藏自治区、重庆、湖北、湖南、河南、山东、江苏、安徽、江西、浙江、福建、上海；朝鲜，日本。

寄主：稗草、看麦娘、结缕草、游草、康穗、茭白、小麦、谷子、水稻、甘蔗、白菜、芥菜、萝卜、甘蔗等。

图3-60　黑尾叶蝉

61. 白背飞虱*Sogatella furcifera* (Horváth)，1899（图3-61）

形态特征：长翅型体长3.8~4.6mm，短翅形体长2.5~3.5mm。头顶部显著突出，额以下部最宽，有翅斑。雄体黑褐色，颜面纵沟黑褐色，头顶及两侧脊间、前胸和中胸背板中域黄白色，前胸背板侧脊外方于复眼后有1暗褐色新月形斑，中胸背板侧区黑褐色。前翅淡黄褐色，透明，翅斑黑褐色。胸、腹部腹面黑褐色，抱握器瓶装，前端为2小分叉。雌体黄白色或灰黄褐色，小盾片中间黄白色，整个腹面黄褐色，中胸背板侧区浅黑褐色。

分布：宁夏回族自治区、河北、山西、辽宁、吉林、黑龙江、江苏、浙江、安徽、福建、江西、山东、河南、湖北、湖南、广东、广西壮族自治区、四川、云南、贵州、陕西、西藏自治区、甘肃及台湾地区；朝鲜，日本，菲律宾，印度尼西亚，马来西亚，印度，斯里兰卡，俄罗斯，澳大利亚。

寄主：稗草、早熟禾等禾本科植物及芸香科植物。

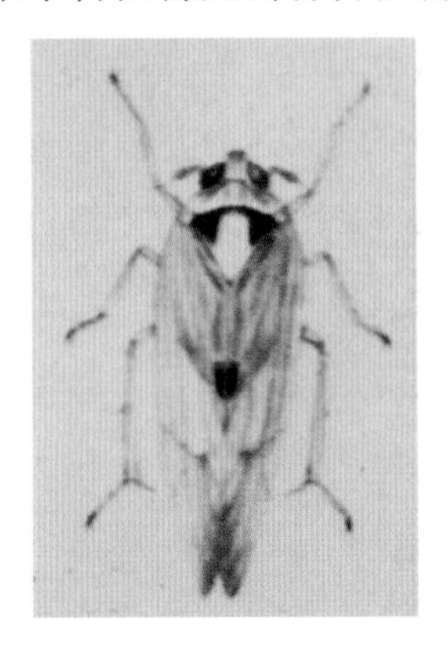

图3-61　白背飞虱

（引自《水稻病虫彩色图鉴》）

62. 灰飞虱*Laodelphax striatellus* (Fallén)，1826（图3-62）

形态特征：成虫长翅型体翅长3.5~4.0mm，短翅型体长2.4~2.6mm。体淡黄褐至灰褐色；头顶基半部淡黄色，端半部及整个面部黑色，仅隆脊淡黄；触角黄色。中胸背板雄黑色，前翅近于透明，具黑色斑纹。胸、腹部面雄黑褐色，雌黄褐色。足单黄褐色。

分布：宁夏回族自治区、河北、山西、辽宁、吉林、黑龙江、江苏、浙江、安徽、福建、江西、山东、河南、湖北、湖南、广东、广西壮族自治区、四川、云南、贵州、陕西、西藏自治区、甘肃及台湾地区；朝鲜，日本，菲律宾，印度尼西亚，马来西亚，印度，斯里兰卡，俄罗斯，澳大利亚。

寄主：稗草、冰草、鹅冠草等。

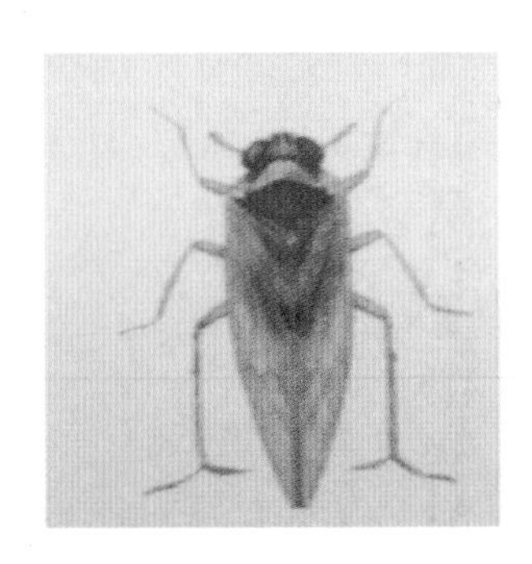

图3-62　灰飞虱

（引自《沈阳昆虫原色图鉴》）

63. 黑圆角蝉*Gargara genistae* (Fabricius)，1775（图3–63）

形态特征：体长：雄性：3.9~4.1mm，雌性：4.6~4.8mm；翅长：雄性：8.2~9.0mm，雌性：10~10.1mm。体黑或红褐色。头和胸部被细毛，刻点密，中、后胸两侧和腹部第2节背板侧面有白色长细毛组成的毛斑（有的个体不太明显）。头黑色，复眼黄褐色，单眼淡黄色。前胸背板和中脊起除前端不太明显外，在前胸斜面至顶端均很明显；后突起屋脊状，刚伸达前翅内角。前翅基部1/5革质，黑或褐色，有刻点，其余部分灰白色透明，有细皱纹；翅脉黄褐色，盘室端部的横脉黑褐色。后翅灰白色，透明。腹部红褐或黑色。足基节和腿节基部大部分黑色，其余部分黄褐色。雄虫体较小，黑色；雌虫体较大，多为红褐色。

分布：全国除新疆维吾尔自治区、西藏自治区未见标本外，其他各省区均有分布；广布东半球。

寄主：苜蓿、枸杞、酸枣、桑、柿、苹果、刺槐、国槐等。

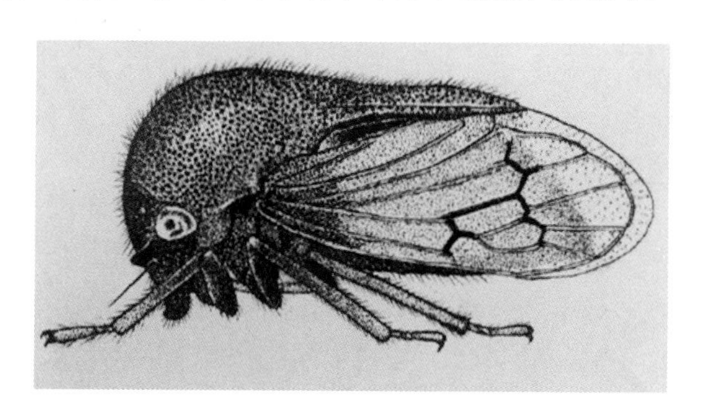

图3–63　黑圆角蝉

（引自《宁夏回族自治区农业昆虫图志》）

第 4 章

苜蓿害虫天敌形态特征

苜蓿害虫天敌种类检索表

1. 足4对……………………………………………………………………………………2

   足3对……………………………………………………………………………………13

2. 体小型，长小于4.0mm ……………………………………………………………3

   体中大型，长大于4.0mm ……………………………………………………………4

3. 腹部中央有4个红棕色凹斑，背中线两侧有时可见灰色斑纹………………

   ………………草间小黑蛛*Erigonidium graminicolum* (Sundevall)，1829

   腹部赤褐色，两对黑点不明显，有些个体在腹部背面中央和两侧有黄白色或灰褐色条纹……四点高亮腹蛛*Hypsosinga pygmaea* (Sundevall)，1831

4. 背甲宽圆…………………………………………………………………………………5

   背甲非上所述……………………………………………………………………………6

5. 腹部具棕黑色斑纹………………波纹花蟹蛛*Xysticus croceus* Fox，1937

   腹部具浅黄色及灰白色相间的斜纹……………………………………………

   ………………………斜纹花蟹蛛*Xysticus saganus* Boes.et Str.，1906

6. 体大型，长于15mm …………………………………………………………………7

   体中型，短于15mm …………………………………………………………………8

7. 胸板中央黄色，边缘黑色……横纹金蛛*Argiope bruennichii* (Scopoli)，1772

   胸板中央有一“T”形黄斑，周缘呈黑褐色轮纹 ………………………………

   ………………………大腹园蛛*Araneus ventricosus* (L.Koch)，1878

8. 触肢器短而小，末端近似1个小圆镜，胫节外侧有一指状突起，顶端分叉，腹侧另有1小突起，初看似3个小突起……………………………………

................................三突花蛛*Misumenopos tricuspidata* (Fahricius)，1775

非上所述..9

9. 腹部长卵圆形，腹背中央黄褐色，其两侧各有一棕黑色纵带，其内侧有5对黑色小圆点，腹背两侧缘浅棕黄色。腹面中央黑色，两侧有一黄白色条纹....................................黑斑亮腹蛛*Singa hamata* (Clerck)，1757

腹部非上所述..10

10. 背甲黄褐色，中央及两侧有黑色条纹..
......................................黄褐新园蛛*Neoscone doenitzi* (Bose.et Str.)，1906

背甲非上所述..11

11. 体长10~14mm........拟环纹豹蛛*Pardosa pseudoannulata* (Bose.et Str.)，1906

体长小于10mm 12

12. 背甲正中斑两侧有明显的缺刻.......星豹蛛*Pardosa astrigera*.L.Koch，1877

背甲正中斑两侧缘的缺刻不明显......沟渠豹蛛*Pardosa laura* Karsch，1879

13. 口器咀嚼式，有成对的上颚；或口器退化..14

口器非咀嚼式，无上颚；为虹吸式、刺吸式或舔吸式等.........................49

14. 前翅角质，和身体一样坚硬如铁..15

前后翅均为膜质，或无翅..38

15. 前胸有背侧缝..16

前胸无背侧缝..24

16. 头下口式..17

头前口式..19

17. 头和前胸背板后缘绿色，前胸背板中部金红带绿色................................
....中华虎甲*Cicindela chinensis* De Geer，1758

头和前胸背板非上所述..18

18. 鞘翅铜色具紫或绿色光泽..
................多型虎甲铜翅亚种*Cicindela hybridatransbaicalica* Motschulsky

鞘翅紫红色具金属光泽..
..................................多型虎甲红翅亚种*Cicindela hybrida nitida* Lichtenstein

19. 后翅短...

.................短翅伪葬步甲*Pseudotaphoxenus brevipennis* (Semonov)，1889

后翅较长..20

20. 体大型，长26.0~35.0mm.........中华星步甲*Calosoma chinensis* Kirby，1818

体中型，长13.0~20.0mm 21

21. 鞘翅中央三角斑赤色或黄褐色..............赤背步甲*Calathus halensis* Schaller

鞘翅非上所述...22

22. 前胸背板基部及鞘翅被淡黄色毛...

....毛婪步甲*Harpalus griseus* (Panzer)，1797

非上所述..23

23. 前胸漆黑光亮..

.....................................直角通缘步甲*Pterostichus gebleri* (Dejean)，1831

前胸背板铜绿色或赤铜色...

...........刘氏三角步甲（铜胸短角步甲）*Trigonotoma lewisii* Bates，1873

24. 体较扁长.............................黑负葬甲*Nicrophorus concolor* Kraatz，1877

体半球形..25

25. 前胸背板紧密衔接鞘翅..

...........................黑襟毛瓢虫*Scymnus (Neopullus) hoffmanni* Weise，1879

前胸背板不紧密衔接鞘翅...26

26. 鞘翅基缘在肩胛前轻微下凹，肩角上翻并向外斜伸...............................27

鞘翅基缘在肩胛前圆形，向前凸出越过肩角之前...................................29

27. 前胸背板侧缘轻微外凸...菱斑巧瓢虫*Oenopia conglobata* (Linnaeus)，1758

前胸背板侧缘显著外凸..28

28. 鞘翅橙黄色至橘红色......红肩瓢虫*Harmonia dimidiata* (Fabricius)，1781

鞘翅棕色至黑色.....................异色瓢虫*Harmonia axyridis* (Pallas)，1773

29. 后胸腹板侧隆钱不围绕前突前缘..30

后胸腹板侧隆钱围绕前突前缘..32

30. 前胸背板后缘有隆线.......多异瓢虫*Hippodamia variegata* (Goeza)，1777

前胸背板后缘无隆线...31

31. 前胸背板前缘几乎平齐 ....

......................十三星瓢虫*Hippodamia terdecimpunctata* (Linnaeus)，1758

前胸背板前缘深凹.......展缘异点瓢虫*Anisosticta kobensis* (Lewis)，1896

32. 触角锤节各分节接合不紧密...

....龟纹瓢虫*Propylaea japonica* (Thunberg)，1781

触角锤节各分节接合紧密...33

33. 前胸腹板无纵隆线.................二星瓢虫*Adalia bipunctata* (Linnaeus)，1758

前胸腹板有纵隆线...34

34. 前胸腹板纵隆线达腹板前缘..

....中国双七瓢虫*Coccinula sinensis* (Weise)，1889

前胸腹板纵隆线达前足基节前缘...35

35. 鞘翅黑斑点形...36

鞘翅黑斑非点形..37

36. 鞘翅具11点形斑...

........................十一星瓢虫*Coccinella undecimpunctata* (Linnaeus)，1758

鞘翅具7点形斑.........七星瓢虫*Coccinella septempunctata* (Liunaeus)，1758

37. 前胸的白斑近于方形...

..........................横斑瓢虫*Coccinella transversoguttata* Faldermann，1835

前胸白斑近三角形............横带瓢虫*Coccinella trifasciata* (Linnaeus)，1758

38. 腹部第一节并入胸部；后翅前缘有一列小钩；成无翅............................39

腹部第一节不并入胸部；后翅无小钩列...45

39. 体小型类，长1mm左右 ....

................................蚜虫跳小蜂*Syrphophagus aphidivorus* (Mayr)，1876

体中大型类，长2~10mm 40

40. 雌蜂的产卵器长................苜蓿叶象姬蜂*Bathyplectes curculionis* (Thomson)

雌蜂的产卵器正常 41

41. 腹部全部赤红色..................赤腹茧蜂*Iphiaulax impostor* (Scopoli)，1763

腹部非上所述...42

42. 体黑色..................菜粉蝶绒茧蜂*Apanteles glomeratus* (Linnaeus)，1758

体黄至褐色..43

43. 头部褐色，脸、唇基、口器黄褐色……………………………………………………
……………………………………………燕麦蚜茧蜂*Aphidius avenae* Haliday，1834
头部黑褐色至黑色……………………………………………………………………………44
44. 触角雌16~18节，多为17节；雄19~20节 …………………………………………
……………………………………………烟蚜茧蜂*Aphidius gifuensis* Ashmead，1906
触角13~15节…………………………………菜蚜茧蜂*Diaeretiella repae* Mintosh
45. 头部无小黑斑……………………………………………………………………………46
头部有小黑斑……………………………………………………………………………47
46. 翅脉黄绿色，前缘横脉的下端，径干脉和径横脉的基部以及内外两组阶脉均为黑色，翅基部的横脉也多为黑色……………………………………………
………………………………………………中华草蛉*Chrysoperla sinica* (Tjeder)，1936
翅脉全部为绿色………………………普通草蛉*Chrysopa camea* (Stephens)，1836
47. 头部有黑斑2~7个………………………大草蛉*Chrysopa pallens* (Rambur)，1838
头部有小黑斑9个…………………………………………………………………………48
48. 触角黄褐色，第2节黑褐色。翅透明，翅端较圆，翅痣黄绿色，前后翅的前缘横脉列及径横脉列下端为黑色，前翅基部上述横脉也为黑色，所有阶横脉均为绿色，翅脉上具黑色………………………………………………………
…………………………………………………丽草蛉*Chrysopa formosa* Brauer，1850
触角黄色，第2节黑色。翅绿色，透明，前、后翅的前缘横脉列只有靠近亚前缘脉一端为黑色，其余均为绿色…………………………………………
………………………………叶色草蛉*Chrysopa phyllochroma* Wesmael，1841
49. 跗节5节…………………………………………………………………………………50
跗节最多3节；或足退化，甚至无足……………………………………………………57
50. 体小型，长5~6mm ……………………………………………………………………
………………………………………四条小食蚜蝇*Paragus quadrifasciatus* Meigen
体中大型，长10~15mm ………………………………………………………………51
51. 腹部黑色，第2腹节背板有横置的黄斑1对，第3、4节背板各有1黄横带，其后缘正中凹入，两侧前缘稍凹入……………………………………………
……………………………凹带食蚜蝇*Metasyrphus nitens* (Zetterstedt)，1843

腹部不具明显凹带……52

52. 腹部极细长，远超过翅长，腹长约为宽的4~6倍……
……短翅细腹食蚜蝇*Sphaerophoria scripta* (Linnaeus)，1758

腹部相对较粗……53

53. 腹部第二背片端半部，第三、四背片基半部各有1对月形黄斑，第二、三对新月形环斑的内、外前角在同一个水平线上，与背板前缘距离相等……月斑鼓额食蚜蝇*Lasiopticus selenitica* (Meigen)，1972

腹部不具明显月形黄斑……54

54. 单眼三角区黑色，额、颜黑色覆灰色粉被，稍具光泽。触角棕黄色，第3节背侧褐色，足大部棕黄……
……梯斑墨食蚜蝇*Melanostoma scalare* (Fabricius)，1794

非上所述……55

55. 中胸盾片黑色，前后肩胛两侧边缘及小盾片黄色……
……黑带食蚜蝇*Syrphus balteatus* (De Geer)，1776

中胸盾片非上所述……56

56. 中胸盾片黑绿色，两侧棕黄色……
……大灰食蚜蝇*Metasyrphus corollae* Fabricius，1794

中胸前盾片蓝黑色，但两侧棕黄色，具光亮……
……斜斑鼓额食蚜蝇*Scaeva pyrastri* (Linnaeus)，1758

57. 口器常不对称；足端部有泡；无翅和翅围有缨毛……
……塔六点蓟马*Scolothrips takahashii* Priesener，1950

口器对称；足端无泡；翅不围缘毛，或无翅……58

58. 无单眼……黑点食蚜盲蝽*Deraecoris punctulatus* (Fallén)，1807

具单眼……59

59. 体小型，长约2mm……小花蝽*Orius minutus* (Linnaeus)，1758

体中型，长约5~15mm……60

60. 前足腿节正常……暗色姬蝽*Nabis (Nabis) stenoferus* (Hsiao)，1964

前足腿节粗短……61

61. 体长约8.7mm……

....华姬猎蝽*Nabis sinoferus* (Hsiao)，1964

体长13.5~14mm..........南普猎蝽*Oncocephalus philppinus* Lethierry，1877

苜蓿主要害虫形态特征

1. 多异瓢虫*Hippodamia variegata* (Goeza)，1777（图4–1）

形态特征：体长4.0~4.7mm，体为卵形，背面中度拱起。头部白色，头顶部黑色，或在唇基处具2个黑斑，或与头顶黑色部分连接，触角、口器黄褐色。前胸背板白色，基部有黑色横带，向前伸出4个指状纹，或相连而黑斑内有2个小白点，有时中央的2个指状纹可独立或4个均独立，此时两侧的2个分享而呈圆点状。小盾片黑色。鞘翅黄褐至红色，两鞘翅共有13个黑斑，除小盾斑外（小盾斑两侧有时具白斑），每一鞘翅各有6个黑斑，通常鞘翅基半部的3个斑较小，而端半部的3个斑较大，黑斑变异很大，斑纹可部分消失（通常是基半部的3个），或斑纹相连。第一腹板具完整的后基线。

分布：黑龙江、吉林、辽宁、陕西、甘肃、宁夏回族自治区、新疆维吾尔自治区、内蒙古自治区、北京、河北、山西、河南、山东、福建、四川、云南、西藏自治区；古北区，印度，尼泊尔，非洲，并引入北美、南美和澳洲。

防治对象：苜蓿上的豌豆蚜、三叶草彩斑蚜、豆蚜等，也可捕食农田、果园、森林内多种蚜虫。当夏天高温来临时，它与龟纹瓢虫一起，成为田间最主要的瓢虫种类。

图4–1 (a)多异瓢虫成虫

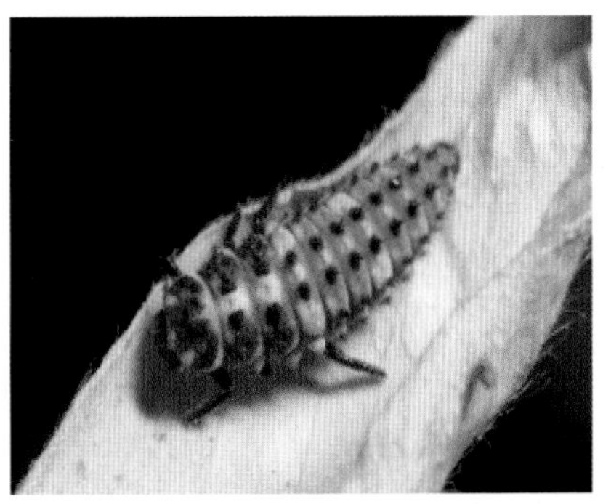

图4–1 (b)多异瓢虫幼虫

2.异色瓢虫*Harmonia axyridis* (Pallas)，1773（图4–2）

形态特征：体长5.4~8.0mm，体色和斑纹变异很大。头部雄性白色，常常头顶具2个黑斑或相连，或额的前端具一黑斑，唇基白色，雌性黑色区通常较大，斑扩大，额中呈一三角形白斑，或全黑，唇基亦为黑色。前胸背板斑纹多变，或白色，有4~5个黑斑，或相连形成“八”或“M”形斑，或黑斑扩大，仅侧缘具一个大白斑，或白斑缩小，仅外缘白色，或仅前角的两侧缘浅色。鞘翅可分为浅色型和深色型两类，浅色型小盾片棕色或黑色，每一鞘翅上最多9个黑斑和合在一起的小盾斑，这些斑点部分或全部可消失，出现无斑、2斑、4斑、6斑、9~19个斑等，或扩大相连等；深色型鞘翅黑色，通常每一鞘翅具2或4个红斑，红斑可大可小，有时在红斑中出现黑点等。大多数个体在鞘翅末端7/8处具1个明显的横脊。

分布：除广东南部及香港无分布外中国其他地区分布广泛；日本、朝鲜、俄罗斯、蒙古、越南均有分布，并引入或扩散到欧洲、北美和南美。

防治对象：可捕食苜蓿上的豌豆蚜，也可捕食多种其他蚜虫、蚧虫、木虱、蛾类的卵及小幼虫、叶甲幼虫等，甚至会捕食食蚜蝇幼虫等。此外它还能捕食其他瓢虫，食物不足时还能自相残杀。

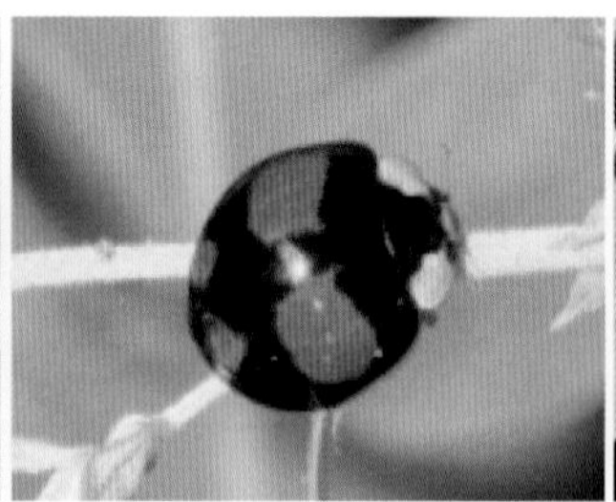

图4–2 (a)异色瓢虫成虫

图4–2 (b)异色瓢虫幼虫

3. 十三星瓢虫*Hippodamia terdecimpunctata* (Linnaeus)，1758（图4–3）

形态特征：体长4.5~6.5mm。头部黑色，前缘黄色，并呈三角形伸入额间，复眼黑色，触角和口器黄褐色。前胸背板白色或橙黄色，中部为近梯形的大型黑斑，在其两侧各有一小圆形黑斑，有时大黑斑扩大与小斑相连。小盾片黑色。鞘翅黄褐色至橙红色，鞘翅上具有13个黑斑，除小盾斑外，每一鞘翅各有6个黑斑，前3个斑形成一个向上的三角形，后3个斑形成一个向外的三角形，斑点独立，或减少，甚至无斑纹，或者扩大相互融合，甚至鞘翅黑色，只剩基缘和外侧浅色。附爪有一个中齿，着生在爪的2/3处。第一腹板无后基线。足黑色，但胫节和跗节大部分橙黄色。

分布：黑龙江、吉林、辽宁、陕西、甘肃、宁夏回族自治区、新疆维吾尔自治区、内蒙古自治区、北京、天津、河北、山西、山东、江苏、浙江、江西、湖北、湖南；日本，朝鲜，蒙古，俄罗斯，伊朗，阿富汗，哈萨克斯坦，欧洲和北美等。

防治对象：可捕食苜蓿上的三叶草彩斑蚜，及棉蚜、槐蚜、麦二叉蚜、麦长管蚜、禾谷缢管蚜等多种蚜虫，以及褐飞虱、灰飞虱等。

图4-3 (a)十三星瓢虫成虫

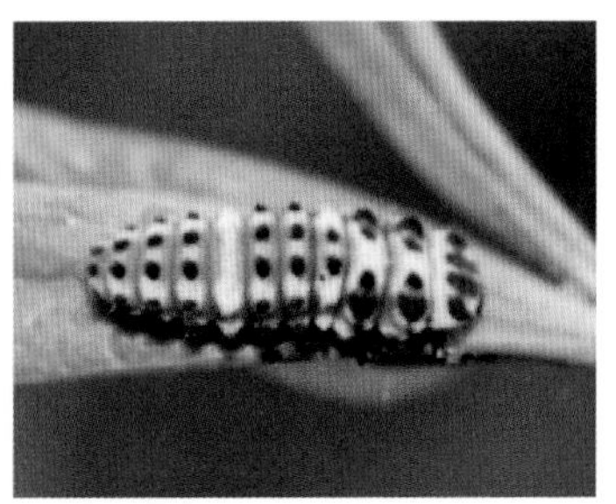

图4-3 (b)十三星瓢虫幼虫

4. 十一星瓢虫*Coccinella undecimpunctata* (Linnaeus)，1758（图4-4）

异名：*Coccinella weisei* (Rybakov)

形态特征：体长3.5~5.5mm。头黑色，内侧具一对白色额斑。前胸背板黑色，前角有三角形白色斑，常常变细伸向后角，有时几乎整个侧缘白色，前胸背板侧缘基半部黑色。小盾片黑色。鞘翅红黄色至红色，在小盾片两侧有三角形白斑（有时不明显），鞘翅上共有11个黑斑，呈1½+2+2排列，小盾斑圆形，肩胛上的黑斑最小，鞘翅外缘1/3和2/3处各有一黑斑，前斑大于后斑，鞘翅中部略前近鞘缝处有较大的黑色横斑，鞘翅3/4处有一小黑斑；鞘翅上的斑纹可以相连，甚至消失，多变化。

分布：陕西、宁夏回族自治区、甘肃、新疆维吾尔自治区、河北、山西、山东；俄罗斯至欧洲至北非，北美，澳大利亚和新西兰 (自然扩散和引进)。

防治对象：能捕食10多种蚜虫。

5. 横斑瓢虫*Coccinella transversoguttata* Faldermann，1835（图4–5）

异名：李斑瓢虫*Coccinella geminopunctata* Liu。

形态特征：体长5.1~7.3mm。头黑色，额斑较大，接近复眼。前胸背板黑色，前胸的白斑近于方形，较大，伸达约过背板的1/2，雄虫的前缘白色，因而两前角斑相连。红色的鞘翅上具11个黑斑，呈1½+2+2排列；在典型个体中，小盾斑与肩斑相连，因此在鞘翅的基部组成一个横斑；有时第2排、第3排的两个斑各自相连。中胸后侧片白色，后胸后侧片多为白色。

分布：黑龙江、内蒙古自治区、陕西、甘肃、新疆维吾尔自治区、青海、河北、山西、河南、四川、云南、西藏自治区；俄罗斯，蒙古，中亚，北美。

防治对象：豆蚜、萝卜蚜、麦蚜、华山松球蚜等。

图4–4　十一星瓢虫

图4–5　横斑瓢虫成虫

6. 七星瓢虫*Coccinella septempunctata*（Liunaeus)，1758（图4–6）

形态特征：体长5.2~7.2mm。头黑色，额部具2个白色小斑，或扩大与白色的复眼内突相连。前胸背板黑色，两前角上各有1个近于四边形白斑。小盾片黑色。鞘翅黄色、橙红色至红色，两鞘翅上共有7个黑斑，小盾片两侧各有1近于三角形的白斑；鞘翅上的黑斑可缩小，部分斑点消失，或斑纹扩大，有时所有斑纹相连、扩大，仅侧缘红色。前胸背板缘折仅前缘白色，中胸后侧片白色，而后胸后侧片黑色，腹面其他部分及足黑色。

分布：中国（除海南岛、香港）；古北区，东南亚，印度，新西兰和北美（引进）。

防治对象：三叶草彩斑蚜、麦长管蚜、大豆蚜、棉蚜、玉米蚜等。

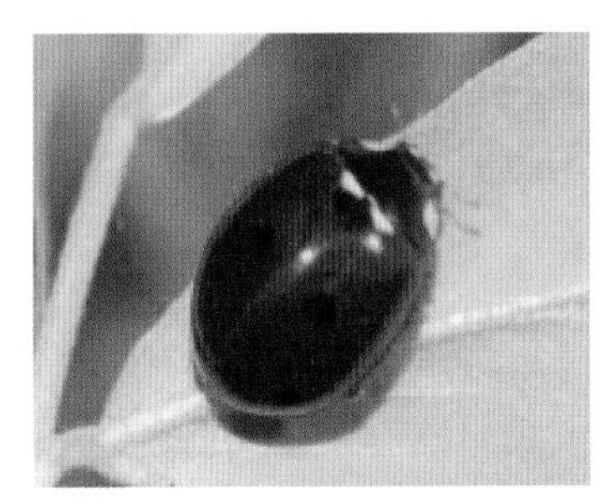

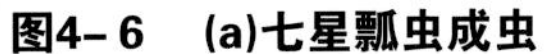

图4- 6 (a)七星瓢虫成虫　　图4-6 (b)七星瓢虫幼虫

7. 二星瓢虫*Adalia bipunctata* (Linnaeus)，1758（图4-7）

异名：*Adaliafasciatopunctata* Fald.；*Adalia lenticula* Gorham。

形态特征：体长4.5~5.3mm。斑纹多变。头黑色，两复眼内侧各有一个近半圆形的小白斑。前胸背板斑纹多变，或白色具一个M形黑斑，或黑斑扩大，只剩前侧角白色，或黑斑缩小，呈一个八字形黑斑，或中剩2个黑斑。有时白色部分变成褐红色，与鞘翅同色。本种鞘翅斑纹多变，典型的二星型鞘翅红色，翅中部各具1个黑斑。或鞘翅具3列黑斑，呈2½+3+2排列，斑纹或融合，或消失；黑色型的鞘翅底色为黑色，具红色斑纹，鞘翅上具6个，4个或2个红斑，或黑色区域扩大，仅剩鞘翅基部侧缘红色。

分布：黑龙江、吉林、辽宁、新疆维吾尔自治区、宁夏回族自治区、甘肃、陕西、北京、河北、山西、河南、山东、江苏、浙江、江西、福建、四川、云南、西藏自治区；亚洲，欧洲，非洲北部和中部。引入北美、澳洲及南美。

防治对象：蚜虫，蚧虫，木虱等。

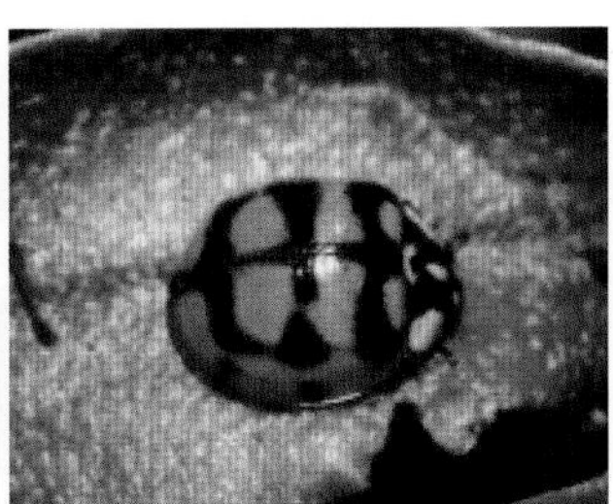

图4-7 (a)二星瓢虫成虫　　图4-7 (b)二星瓢虫幼虫

8. 横带瓢虫*Coccinella trifasciata* (Linnaeus)，1758（图4-8）

形态特征：体长4.4~4.9mm。头部、复眼黑色，两个方形白色额斑靠近复眼内侧，并向下延伸与白色的复眼内突相连，雄虫的两个额斑相连。前胸背板黑色，前角各有1个近三角形白斑，雄虫的前缘白色，因而两个白斑相连。小盾片黑色。鞘翅褐黄色或橙红色，小盾片两侧有白色的横带伸向肩胛，鞘翅上各有3条平行的黑色横斑，基部一条伸达小盾片与另一鞘翅上的斑相连，有时各条斑的外缘具明显的黄色边缘。腹面黑色，中、后胸后侧片黄白色。

分布：黑龙江、陕西、甘肃、青海、宁夏回族自治区、新疆维吾尔自治区、内蒙古自治区、河北、四川、西藏自治区；蒙古，俄罗斯，北美。

防治对象：豆蚜、麦蚜、桃蚜等。

9. 中国双七瓢虫*Coccinula sinensis* (Weise)，1889（图4–9）

异名：*Coccinula quatuordecimpustulata*: Sasaji，1971；虞国跃，2008(nec. Linnaeus，1758)。

形态特征：体长3.0~4.2mm。头白色或黄棕色，仅头顶黑色（雄性），或头部黑色，仅在复眼附近具白斑或黄棕斑。前胸背板黑色，前角及前缘白色或黄棕色。小盾片黑色。鞘翅黑色，各具7个白色或黄棕色斑，呈2-2-2-1排列，即鞘翅基缘和外缘具5个斑，各斑均与边缘相接，鞘翅中部近鞘缝具2个斑，明显的横向长形，不与鞘缝相接。

分布：黑龙江、吉林、辽宁、内蒙古自治区、甘肃、宁夏回族自治区、陕西、北京、河北、山西、河南、山东、江西、四川；日本，朝鲜半岛，俄罗斯远东，蒙古。

防治对象：麦蚜、棉蚜、玉米蚜。

图4–8　横带瓢虫

图4–9　(a)中国双七瓢虫成虫

图4–9　(b)中国双七瓢虫幼虫

10. 龟纹瓢虫*Propylaea japonica* (Thunberg)，1781（图4–10）

形态特征：体长3.5~4.7mm。头白色或黄白色，头顶黑色，雌性额中部具一黑斑，有时较大而与黑色的头顶相连，雄性无此黑斑。前胸背板中基部具1个大型黑斑，黑斑的两侧中央常向外突出，有时黑斑扩大，侧缘及前缘浅色，通常雌性的黑斑较大。小盾片黑色。鞘翅黄色、黄白色或橙红色，侧缘半透明，鞘缝黑色，在距鞘缝基部1/3、2/3及5/6处各有向外侧延伸的方形和齿形黑斑，另在鞘翅的肩部具斜置的近三角形或长形黑斑，中部有一斜置的方形斑，独立或下端与距鞘缝2/3处伸出的黑色部分相连。鞘翅斑纹多变，黑斑扩大相连，甚至鞘翅大部黑色，仅小盾片外侧具一或大或小的黄白斑和浅色的外缘，或黑斑缩小，鞘翅只剩前后2个小黑斑，或只有肩角处具一小黑斑，或无斑纹，只有黑色的鞘缝。腹面前胸背板和鞘翅缘折黄褐色，中后胸后侧片白色，腹板黑色，但两侧黄褐色，腹板VI节（有时V后缘）黄褐色。

分布：黑龙江、吉林、辽宁、新疆维吾尔自治区、甘肃、宁夏回族自治区、陕西、内蒙古自治区、北京、河北、河南、山东、江苏、上海、浙江、江西、福建、台湾、湖南、湖北、广东、广西壮族自治区、四川、贵州、云南；日本，俄罗斯，朝鲜，越南，不丹，印度。

防治对象：豌豆蚜、大豆蚜，棉蚜，萝卜蚜，桃蚜，麦长管蚜，叶蝉，飞虱等。

图4-10 (a)龟纹瓢虫成虫

图4-10 (b)龟纹瓢虫幼虫

11. 红肩瓢虫*Harmonia dimidiata* (Fabricius)，1781（图4-11）

形态特征：体长6.6~9.4mm。前胸背板黄褐色，基部具2个黑斑，通常相连。小盾片黑色。鞘翅橙黄色至橘红色，上有13个黑斑，每一鞘翅上呈1-3-2-½ 排列，第二排的外斑横向，与鞘翅的侧缘相连；端斑位于鞘翅未端鞘缝上，呈梨形，几达翅的端缘。鞘翅上的斑点可缩小、变少，甚至无斑点，或斑纹扩大，甚至相连，成点肩型，即鞘翅后半部的黑色斑纹扩大并相连，鞘翅大部分黑色，仅留红色的肩部，肩角外常常还有一个小黑斑，肩角处的黑色斑点也可消失。

分布：福建、台湾、湖南、广东、广西壮族自治区、四川、贵州、云南、西藏自治区；尼泊尔，印度，印度尼西亚，美国（引进）。

防治对象：麦蚜、伪菜蚜、木虱等。

12. 展缘异点瓢虫*Anisosticta kobensis* (Lewis)，1896（图4–12）

异名：十九星瓢虫*Anisosticta novemdecimpunctata*: 刘崇乐，1963(nec. Linnaeus，1758)。

形态特征：体长3.8~4.1mm，体黄白色至深黄色。头基部具2个黑斑，相连。前胸背板具6个小黑斑，排成前后二列，有时两侧的斑纹变小或消失。鞘翅上共有19个黑斑，其中位于小盾片处的构成缝斑。有时鞘翅上的斑纹会消失。腹面黑色，但鞘翅缘折及腹面外缘黄色或黄棕色，有时腹板除基部外为黄棕色。雌性第6腹板后缘中央明显内凹，呈倒“U”字型，达腹板长的4/5。雄性性第6腹板后缘中央内凹，呈很宽浅的倒“V”字型。

分布：黑龙江、陕西、内蒙古自治区、北京、天津、河北、河南、山东、江苏、浙江；日本，朝鲜，俄罗斯远东。

防治对象：蚜虫，玉米螟的卵等。

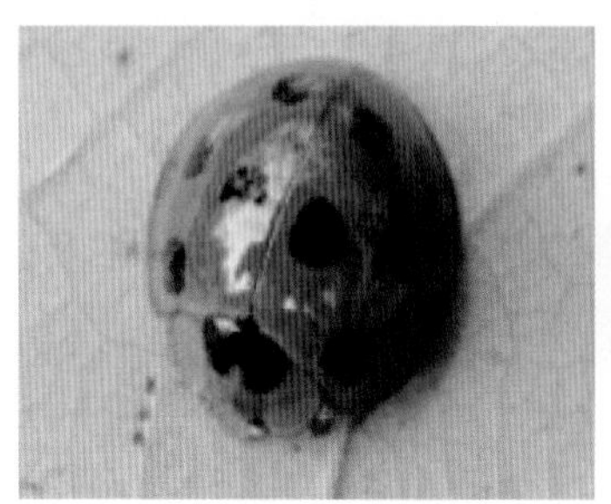

图4–11　红肩瓢虫

图4–12　展缘异点瓢虫

13. 菱斑巧瓢虫*Oenopia conglobata* (Linnaeus)，1758（图4–13）

形态特征：体长3.5~5.4mm体背面基色淡黄褐色或淡桃红色。头顶具2个基部相连的三角形黑斑。前胸背板具7个黑色或红褐色斑，前排4个，位于背板中部；后排3个，位于基部，两侧的2个常与基部相连。小盾片黑色。鞘缝黑色，斑纹多变，典型的是每一鞘翅上具8个黑色或红褐色斑，呈2-2-1-2-1排列，有时斑点扩大，相连等，偶尔可见鞘翅几乎全黑的个体。腹面黑色，但前胸背板缘、鞘翅缘折黄褐色黄褐色，有时腹端及两侧浅色，中胸后侧片黄白色。足黄褐色。

分布：新疆维吾尔自治区、甘肃、陕西、宁夏回族自治区、内蒙古自治区、北京、河北、山西、山东、福建、四川、西藏自治区；蒙古，中亚，细亚，俄罗斯，西欧至北非，印度，引入北美。

防治对象：蚜虫，榆蓝叶甲的卵等。

14. 黑襟毛瓢虫*Scymnus (Neopullus) hoffmanni* Weise，1879（图4-14）

形态特征：体长1.7~2.1mm，体为卵形，披浅黄色毛。头黄棕色至红棕色。前胸背板棕色，基部具一个黑色，此黑斑可扩大，只剩前角棕色。鞘翅棕色，斑纹多变，最浅的是鞘缝处具黑纵条，伸达鞘翅长的5/6，或斑纹扩大，鞘翅的基部亦为黑色，或鞘翅的侧缘为黑色，每一鞘翅的中部具一条棕色纵条。

分布：吉林、辽宁、陕西、北京、河北、河南、山东、浙江、福建、台湾、香港、广西壮族自治区、云南；日本，朝鲜。

防治对象：棉蚜，蚜虫，叶螨。

图4-13 (a)菱斑巧瓢虫成虫

图4-13 (b)菱斑巧瓢虫幼虫

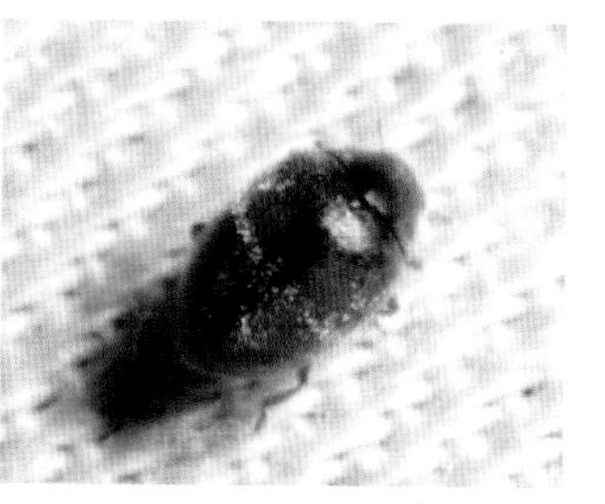

图4-14 黑襟毛瓢虫

15. 直角通缘步甲*Pterostichus gebleri* (Dejean)，1831（图4-15）

形态特征：体长13.0~14.0mm，体背面头、胸部、足黑色；鞘翅赤褐色。头顶、额区覆密刻点，触角粗短，基部三节黑亮，余节覆灰绒毛。前胸漆黑光亮，侧缘前半段稍凸弧，后半段直，赤褐色，前缘微凹，后缘直，前角前深钝，后角直。鞘翅稍宽于前胸，长卵形，最宽处位于翅端1/3处，刻点沟列规整，行距平坦，第3行距有孔点4~8个，第8行距基部刻点呈棱状。

分布：辽宁、吉林、黑龙江、华北地区、西北地区、河南、四川、云南；俄罗斯。

防治对象：地老虎、草地螟、蝇类幼虫及多种昆虫。

16. 中华星步甲*Calosoma chinensis* Kirby，1818（图4–16）

形态特征：体长26.0~35.0mm，宽9.0~12.5mm，体背多黑色，带铜或古铜色光泽；足黑色。头密布细刻点；额沟较长，其侧具纵褶皱；口须端部平截。触角丝状11节，基部4节光裸，余节密被短绒毛。前胸背板宽大于长，盘区密布皱状刻点，侧缘弧形上翘，后角向后延伸钝圆，基凹较长。鞘翅长方形，两侧近平行，每侧有3行金色或金绿色的圆形星点。腹末端节有纵皱纹。雄虫前足跗节基部3节膨大，中、后胫节弯曲。

分布：辽宁、吉林、黑龙江、华北、华东（不含台湾）、河南、华中地区、西北地区（不含新疆维吾尔自治区）、广东、广西壮族自治区、云南、四川；朝鲜半岛，蒙古，俄罗斯。

防治对象：黏虫、地老虎等鳞翅目幼虫及蛴螬。

17. 短翅伪葬步甲*Pseudotaphoxenus brevipennis* (Semonov)，1889（图4–17）

分布：内蒙古自治区，宁夏回族自治区等地区。

防治对象：鳞翅目害虫幼虫。

图4–15　直角通缘步甲

图4–16　中华星步甲

图4–17　短翅伪葬步甲

（引自《四川农业害虫天敌图鉴》）

18. 刘氏三角步甲（铜胸短角步甲）*Trigonotoma lewisii* Bates，1873（图4–18）

形态特征：体长17mm左右，宽6mm，黑色。头和前胸背板铜绿色或赤铜色，有强金属光泽。头部光滑，额沟深，复眼微突出。触角、上唇和上颚黑褐色。触角第1节粗大，第4节以上多毛。上唇前缘弧形凹入。唇基弓形。下颚须和下唇须赤褐色，下唇须末节强烈斧形。前胸背板光滑无毛，最宽处在中部稍后方，两侧缘的边缘厚而宽，略上翻，中央纵沟明显，两侧近后缘有洼凹。鞘翅蓝黑色，有金属光泽，刻点沟较深，沟间光滑，微隆起。胸部腹面光亮，有粗大刻点。

分布：四川省酉阳、泸县、成都、射洪、荥阳、甘孜。

防治对象：鳞翅目害虫幼虫。

19. 赤背步甲*Calathus halensis* Schaller（图4–19）

形态特征：体长17.5~20mm。头扁平光亮，黑色或黄褐色，触角、口须、足均为黄褐色，鞘翅中央三角斑赤色或黄褐色。眼突出，其间有1对红色圆形斑纹隐约可见。基部3节光滑，第4~11节被黄褐色短毛。上颚宽短，端部尖锐弯曲。额须及唇须细长，末节端部平截。前胸背板近方形，黑色或红褐色，侧缘区广，色较淡，略上翻，中央前方有1对刚毛，前缘角稍突出，后缘角圆钝。鞘翅略呈长方形，黑色或棕褐色，两鞘翅中央常有红色或黄褐色大型长三角形斑。翅缘在近缝处弯入。每一鞘翅除小盾沟外，各有9条纵沟，沟间较平坦，密布小刻点。爪具齿；雄虫前跗节基部3节略膨大，腹面有黏毛。

分布：重庆、古蔺、泸县、岳池、射洪、成都、灌县、荥经、炉霍、甘孜。

防治对象：黏虫、夜蛾科幼虫。

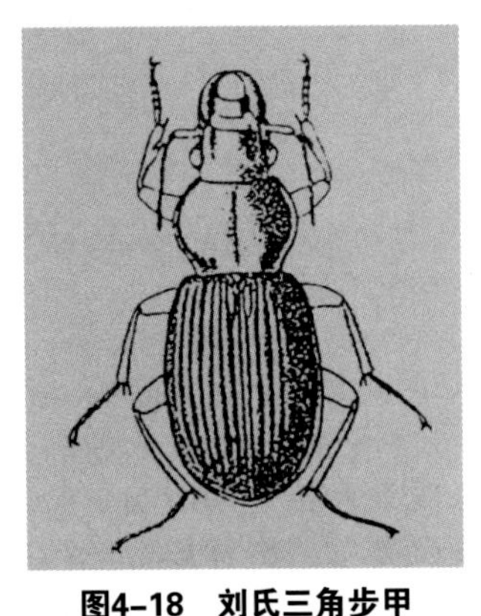

图4-18　刘氏三角步甲

（引自《福建昆虫志》第六卷）

图4-19　赤背步甲

（引自《四川农业害虫天敌图册》）

20. 毛婪步甲*Harpalus griseus* (Panzer)，1797（图4-20）

形态特征：体长9.0~12.0mm，宽3.5~4.5mm，体多黑色；触角、口器、唇基前缘、前胸背板基缘与侧缘、足为棕黄色。头及前胸背板有光泽；前胸背板基部及鞘翅被淡黄色毛。头部光洁。触角基部2节光洁，余节密被细毛。前胸背板宽大于长，中间前最宽，前缘弧凹，后缘近平直，后角钝，中纵沟细，不达后缘，基凹浅宽，背板后缘密布刻点。每鞘翅具9行纵沟，行距平，密布刻点。触角前跗节基部3节扩大。

分布：辽宁、吉林、黑龙江、华北地区、河南、华中地区、华东地区、西南地区、西北地区；欧洲，亚洲西部，东亚，北非。

防治对象：白蚁。

图4-20　毛婪步甲

（引自《中山市五桂山昆虫彩色图鉴》）

21. 中华虎甲*Cicindela chinensis* De Geer，1758（图4–21）

形态特征：体长17~22mm，宽7~9mm。头、胸、足和腹部面具强烈的金属光泽。头和前胸背板后缘绿色，前胸背板中部金红带绿色。上颚基半部背面蜡黄色，上唇蜡黄色，周缘黑色，中央有一条黑纵纹，前缘弧形有6~7个小齿，亚前缘具6根黄色长毛。下唇须黑色，触角1~4节蓝黑色有光泽，其余各节暗褐色密生短毛。头背面前半部有纵刻条纹，后半部与前胸背板有不规则皱纹。鞘翅底色深蓝色，无光泽，基部、端部、侧缘，翅缝和基1/4横带翠绿色，有时翅缝和翅基还带金红色。翅基侧方的1处小斑、端部1/5处较大的近似圆形斑、中部靠端方1个两端粗中间细的斜向横条斑均蜡黄色。足蓝黑色，带绿色金属光泽。下唇须第二节，胸部侧板和腹部足基节和腿节均密生白毛。雌虫腹部6节，末节腹面有1条短纵沟，后缘中部向后弓形凸出。雄虫腹部7节，第6节腹面后缘中部向前凹入，呈三角缺刻状。

分布：甘肃、河北、山东、江苏、浙江、江西、福建、四川、湖北、广东、广西壮族自治区、云南、上海、安徽。

防治对象：蝗虫，蚂蚱，蝼蛄，蟋蟀，红蜘蛛等及各种害虫的小幼虫，较大的卵块或蛹等。

22. 多型虎甲铜翅亚种*Cicindela hybridatransbaicalica* Motschulsky（图4–22）

形态特征：体长约12mm，宽约5.0mm，体背铜色具紫或绿色光泽。复眼大而突出。上唇横宽，前缘中央的尖齿较小。触角丝状，11节。鞘翅的基部和端部各有1个弧形斑，有时基斑还分裂为2个逗点形斑；中部还有1个波曲的横斑。体腹面蓝紫色或蓝绿色，具强烈金属光泽和密粗长白毛。

分布：辽宁、新疆维吾尔自治区、甘肃、内蒙古自治区、河北、辽宁、陕西、江苏。

防治对象：蝗虫，蚂蚱，蝼蛄，蟋蟀，红蜘蛛等及各种害虫的小幼虫，较大的卵块或蛹等。

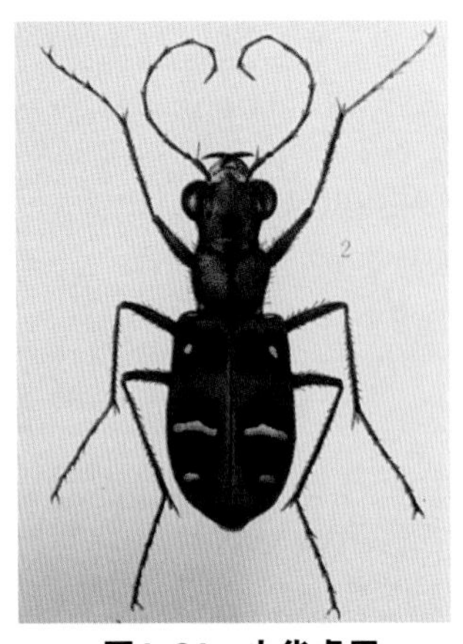

图4-21 中华虎甲

（引自《烟草病虫害防治彩色图志》）

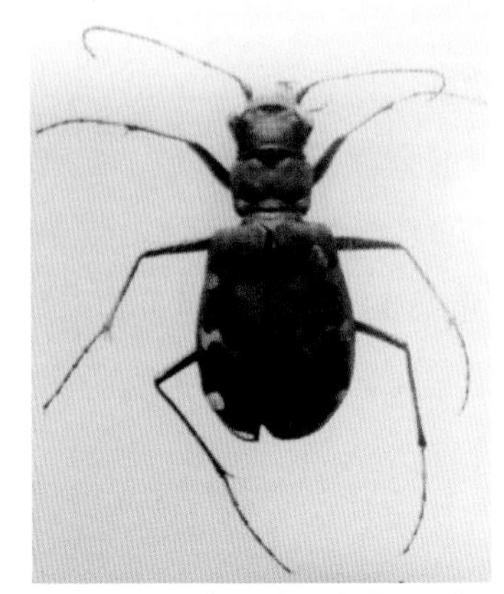

图4-22 多型虎甲铜翅亚种

（引自《辽宁甲虫原色图鉴》）

23. 多型虎甲红翅亚种*Cicindela hybrida nitida* Lichtenstein（图4-23）

形态特征：与多型虎甲铜翅亚种是同种的不同亚种，形态特征相似，不同处在于：本种体型稍大，体长15.5~18.0mm，宽6.5~7.5mm；鞘翅的颜色紫红色具金属光泽；上唇中部向前突出明显，前缘中央的尖齿略大于前种。

分布：辽宁、吉林、黑龙江、河北、山西、甘肃、新疆维吾尔自治区、内蒙古自治区、江苏、安徽；俄罗斯。

防治对象：捕食其他害虫。

24. 黑负葬甲*Nicrophorus concolor* Kraatz，1877（图4-24）

形态特征：体长31.0~45.0mm，体黑色狭长，后方略膨阔。触角末3节橙色，余黑色。前胸背板宽大于长，中央明显隆起，边沿宽平呈帽状。小盾片大三角形。鞘翅平滑，纵肋几不可辨，后部近1/3处微向下弯折呈坡形，后足胫节弯曲较显，后半部明显扩大。雄虫前足1~4跗节向两侧扩大。

分布：辽宁、吉林、黑龙江、华北地区、华东地区、河南、华中地区、华南地区、宁夏回族自治区、西南地区（不含贵州）；朝鲜半岛，日本。

防治对象：昆虫尸体。

图4–23 多型虎甲红翅亚种

（引自《辽宁甲虫原色图鉴》）

图4–24 黑负葬甲

（引自《辽宁甲虫原色图鉴》）

25. 中华草蛉*Chrysoperla sinica* (Tjeder)，1936（图4–25）

形态特征： 体长9~10mm，前翅长13~14mm，后翅长11~12mm；体黄绿色。

头部淡黄色，颊和唇基两侧各有1条黑斑，黑斑上下相连或不明显，下颚须及下唇须暗黄色，触角比前翅短，灰黄色，基部两节与头色相同。胸部和腹部背面两侧淡绿色，中央有黄色纵带。翅透明，较窄，端部尖，翅痣黄白色，翅脉黄绿色，前缘横脉的下端，径干脉和径横脉的基部以及内外两组阶脉均为黑色，翅基部的横脉也多为黑色，翅脉上具黑色短毛。

分布： 黑龙江、吉林、辽宁、河北、北京、陕西、山西、山东、河南、湖北、湖南、四川、江苏、江西、安徽、上海、广东、云南。

防治对象： 棉铃虫，棉红蜘蛛，蚜虫，叶螨，叶蝉。

26. 丽草蛉*Chrysopa formosa* Brauer，1850（图4–26）

形态特征： 体长9~11mm，前翅长13~15mm，后翅长11~13mm，体绿色。

头部有小黑斑9个，头顶2个，触角间1个，触角窝前缘各1个呈新月形，颊和唇基两侧各1个呈线状，下颚须及下唇须均黑色，触角短于前翅，黄褐色，第2节黑褐色。前胸背板长略大于宽，中部有1横沟，横沟两侧前后各有1褐斑，中、后胸背面也有褐斑，但不显著，足绿色，胫节及跗节黄褐色。腹部绿色，密生黄毛。腹部腹面则多黑色。翅透明，翅端较圆，翅痣黄绿色，前后翅的前缘横脉列及径横脉列下端为黑色，前翅基部上述横脉也为黑色，所有阶横脉均为绿色，翅脉上具黑色。

分布：黑龙江、辽宁、吉林、北京、河北、山东、山西、河南、湖北、天津、甘肃、新疆维吾尔自治区、上海、四川、陕西。

防治对象：蚜虫，鳞翅目的卵和幼虫。

图4-25　中华草蛉

（引自《中国农业有害生物信息系统》：http://www.agripests.cn/index.asp）

图4-26　丽草岭

（引自《沈阳昆虫原色图鉴》）

27. 大草蛉*Chrysopa pallens* (Rambur)，1838（图4-27）

形态特征：体长13~15mm，前翅长17~18mm，后翅长15~16mm；体黄绿色。头部黄绿色，有黑斑2~7个，常见的多为4或5斑者，4斑者在唇基两侧各有1条状斑，触角下各有1矩形或近圆形斑；5斑者除有上述黑斑外，在触角窝间有1小黑斑；7斑者两颊还各有1斑；2斑者只剩下两个黑斑；触角黄褐色，基部两节黄绿色，短于前翅，下颚须及下唇须均黄褐色。胸部背面中间有1条明显的黄色纵带；足黄绿色，跗节黄褐色。腹部绿色，密生黄色短毛。翅透明，翅端较尖，翅痣黄绿色，多横脉，翅脉大部黄绿色，但前翅前缘横脉列及翅后缘基半部的脉多为黑色，两组阶脉的中央黑色，两端绿色，后翅仅前缘横脉及径横脉的大半段黑色，后缘各脉均为绿色，阶脉与前翅相同，翅脉上多黑毛，翅缘的毛多为黄色。

分布：黑龙江、吉林、辽宁、河北、北京、河南、新疆维吾尔自治区、陕西、山西、甘肃、山东、湖北、湖南、四川、上海、安徽、江西、福建、广东、广西壮族自治区。

防治对象：叶螨、蚜虫。

28. 普通草蛉*Chrysopa camea* (Stephens)，1836（图4–28）

形态特征：体长10mm左右。前翅长12mm左右；后翅长11mm左右。体黄绿色。触角比前翅短，第一节与第二节同色，头部两侧的颊斑和唇基斑多相连。前翅径中横脉连在内中室的上边，翅脉全部为绿色。胸部和腹部背中央的纵带黄白色。

分布：新疆维吾尔自治区、河南、山东、陕西、上海、云南。

防治对象：蚜虫，介壳虫，木虱，叶蝉，红蜘蛛，蝶蛾类的幼虫及卵等。

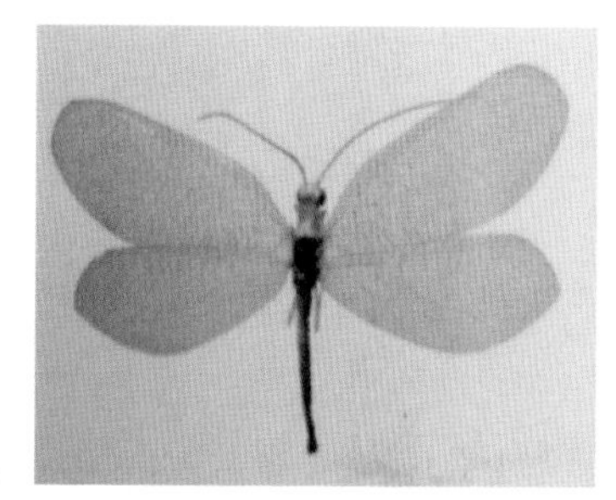

图4–27　大草蛉

（引自《沈阳昆虫原色图鉴》）

图4–28　普通草蛉

（引自《山楂病虫害诊治原色图鉴》）

29. 叶色草蛉*Chrysopa phyllochroma* Wesmael，1841（图4–29）

形态特征：体长11mm，翅展25mm左右，体绿色。

头部具9个黑色斑点，头顶1对，触角间1个，触角下方1对，颊1对，唇基1对，下颚须和下唇须黑色，触角黄色，第2节黑色。翅绿色，透明，前、后翅的前缘横脉列只有靠近亚前缘脉一端为黑色，其余均为绿色。

分布：陕西、新疆维吾尔自治区、宁夏回族自治区、河南。

防治对象：棉蚜，棉铃虫的卵。

30. 蚜虫跳小蜂*Syrphophagus aphidivorus* (Mayr)，1876（图4–30）

形态特征：雌蜂体长1mm左右。体褐黑色，触角褐色，胫节末端及跗节黄色。头胸及腹脊有蓝色反光，腹背带紫色。头横形，单眼排列成等边三角形。颊与复眼直径等长，触角着生于口缘，柄节细长，梗节显著长于第一索节，索节由基部向端部逐渐膨大，1~3节小，念球状，其余显著膨大，棒节4节，中部膨大，卵圆形，等于3~6索节合并之长。缘脉长为宽之2倍，略长于肘脉，后缘脉甚短。

小盾片略长于中胸盾片，稍膨起，末端圆。中足胫节之距与第一跗节等长，腹短于胸。

分布：上海、江西、浙江、四川、广东、河南、山东、河北、黑龙江。

防治对象：蚜虫，鳞翅目昆虫。

图4-29　叶色草蛉

（引自《中国农业有害生物信息系统》：http://www.agripests.cn/index.asp）

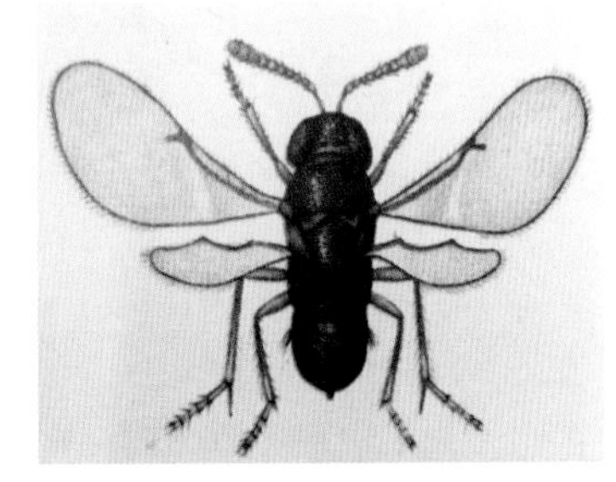

图4-30　蚜虫跳小蜂

（引自《四川农业害虫天敌图册》）

31. 黑点食蚜盲蝽*Deraecoris punctulatus* (Fallén)，1807（图4-31）

形态特征：体长约5mm，全体大致黑褐色。

触角比身体短，第2节长，第3、4节明显短而细。前胸背板具粗糙黑色小刻点，除中线及周缘黄褐色外，余为黑色，有光泽，胝黑色显著，环状颈片淡黄色。小盾片3个顶角色淡中央黑色，呈倒“V”字形，或中央有淡色纹。前翅具刻点，爪片端部、革片中央和端部外缘与楔片交界处以及楔片顶角各有1黑色大斑点，为其显著特征，膜片透明。腹部黑色。

分布：湖北、四川、江苏、安徽、河南、山东、山西、天津、河北、辽宁。

防治对象：蚜虫。

32. 华姬猎蝽*Nabis sinoferus* (Hsiao），1964（图4-32）

形态特征：体长约8.7mm，腹宽约2.2mm，体长不大于腹宽的4倍。

头顶中央有很小的黑斑，有时不明显；触角第1节较长，长于头宽，颜色较浅，草黄色。前足腿节粗短，长小于宽的5倍。前翅革片的3个斑点常不清楚，无不规则小点。腹部腹面色浅。

分布：河北、河南、山西、甘肃、福建、广东。

防治对象：蚜虫，叶蝉，稻飞虱，蓟马。

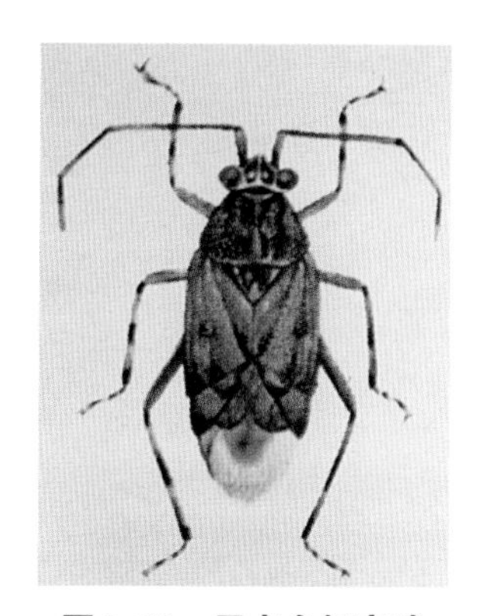

图4–31　黑点食蚜盲蝽

（引自《天敌昆虫图册》）

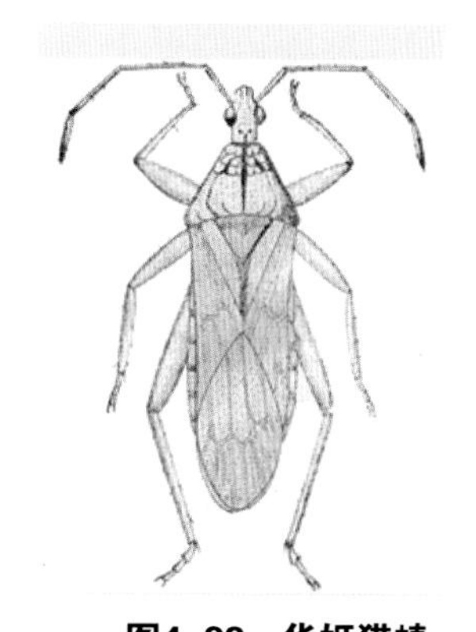

图4–32　华姬猎蝽

（引自《中国农业有害生物信息系统》: http://www.agripests.cn/index.asp）

33. 暗色姬蝽*Nabis (Nabis) stenoferus* (Hsiao)，1964（图4–33）

形态特征：成虫体长约7.8mm，腹宽约1.55mm，体长不超过腹宽的5倍，体大致灰黄色。

触角第1节短于头长，第2节约等于前胸背板的宽度。前翅远超过腹部末端。头顶中央的纵带、两眼前后的斑点、前胸背板纵纹、前叶两侧云形纹，均为黑色。前翅革片端部的两斑点和膜片基部的1个斑点、腹部腹面中央及两侧纵纹、各腿节的斑点，前足和中足腿节的横纹褐色或黑色。上述颜色的深浅、斑纹的大小显著程度往往有变异。前足腿节较细，长为宽的7倍。雄虫色较浅，头顶中央无纵纹或不显著；抱器窄长，内缘中央弯曲。

分布：河北、河南、江苏、浙江、福建、广东。

防治对象：蚜虫，叶蝉，稻飞虱，蓟马。

34. 南普猎蝽*Oncocephalus philppinus* Lethierry，1877（图4–34）

形态特征：休长13.5~14mm。体暗褐色。

头向前平伸，中央具两条纵走深褐色带纹；触角4节，第二节最长，第一节近基部1/3黄色，端部2/3褐色，第二节褐色，第三、四节黑褐色；复眼黑色表面光滑无毛，单眼着生于头后部黑褐色瘤状突起外侧。

前胸背板具8条纵纹，前胸背板侧角雌虫圆形，雄虫方形，侧缘中央有一显著的突起；小盾片端刺较长并向上翘起；前足胫节中央有一个黑色环纹，腿节内侧有9~10个小刺；前翘达腹部朱端，膜质区外室有褐色斑纹。

分布：浙江、湖北、四川、福建、广东、广西壮族自治区、云南。

防治对象：稻飞虱，稻叶蝉，棉蚜，棉铃虫。

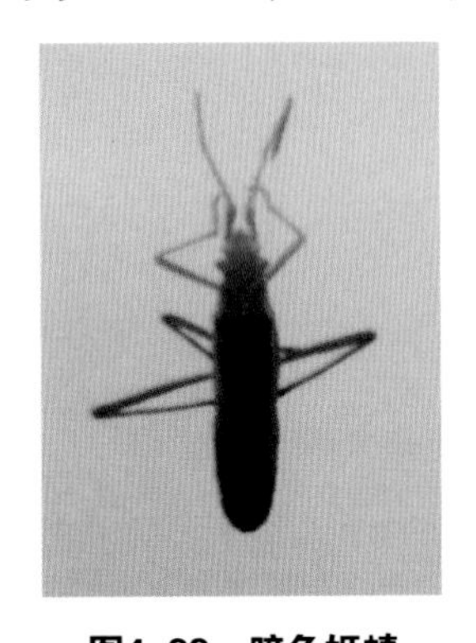

图4–33　暗色姬蝽

（引自《沈阳昆虫原色图鉴》）

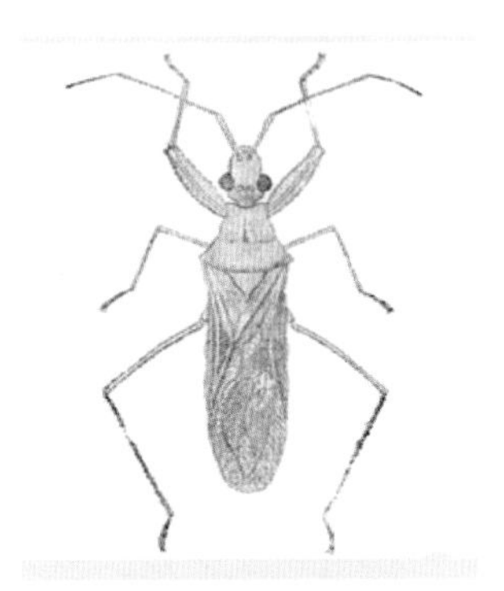

图4–34　南普猎蝽

（引自《中国农业有害生物信息系统》：http://www.agripests.cn/index.asp）

35. 小花蝽 *Orius minutus* (Linnaeus)，1758（图4–35）

形态特征：体长约2mm，淡褐色至暗褐色，全身具微毛，背面满布刻点。

头部、前胸背板、小盾片及腹部黑褐或黑色。头短宽，中、侧叶等长，中叶较宽；触角4节淡黄褐色，有时第1节及末节色略深，复眼黑色，单眼1对红色，喙短不达中胸。前胸背板中部有凹陷，后缘中间向前弯曲，小盾片中间有横陷。前翅革片黄褐色，膜片无色半透明，有的具烟色云雾斑。足淡黄褐色，腿节常呈黑褐色。

分布：北京、河南、湖北、上海。

防治对象：蚜虫，叶螨，蓟马，木虱，红蜘蛛，红铃虫，造桥虫，棉铃虫的卵和幼虫。

图4–35　小花蝽

（引自《四川农业害虫天敌图册》）

36. 凹带食蚜蝇 *Metasyrphus nitens* (Zetterstedt)，1843（图4–36）

形态特征：体长10~11mm，颜黄色，口缘及颜中突黑色，触角颜色变异大，一般棕褐色，仅第3节基部腹面棕黄色，有时全部棕褐色。

中胸盾片蓝黑色，被黄毛。小盾片黄色，大部具黑毛边缘有黄毛。腹部黑色，第2腹节背板有横置的黄斑1对，第3、4节背板各有1黄横带，其后缘正中凹入，两侧前缘稍凹入；第4、5节背板后缘有黄色边，第5节背板两侧边缘及前缘角黄色，第2~4节背板黄斑的两端不超过背板侧缘，或仅外缘前角达侧缘。

分布：北京、吉林、河北、甘肃、浙江、江西、湖北、云南、内蒙古自治区、陕西。

防治对象：麦蚜，棉蚜，烟蚜等。

37. 大灰食蚜蝇 *Metasyrphus corollae* Fabricius，1794（图4–37）

形态特征：体长9~10mm。

复眼表面光滑无毛，额、颜棕黄色，颜中突棕色，颜毛棕黄色，额毛黑色。

中胸盾片黑绿色，两侧棕黄色。小盾片棕黄色，密生同色毛，有时混以极少数黑毛。足基节，转节及腿节基半部黑色，端半部、胫节及第1跗小节棕黄色，2~4跗小节淡黑色，第5跗小节棕黄色。腹部黑色有光泽，第2~4节背板各有1对大形黄斑，第2背板黄斑的外缘前角超过背板边缘；雄虫第3、4节黄斑中间一般连接，雌虫两斑中间分开；第5背板雄大部黄色，雌大部黑色。

分布：湖北、北京、河北、甘肃、上海、江苏、浙江、福建、云南、辽宁、山西。

防治对象：棉蚜，棉长管蚜，豆蚜，桃蚜等。

图4-36 凹带食蚜蝇
（引自《四川农业害虫天敌图册》）

图4-37 大灰食蚜蝇
（引自《四川农业害虫天敌图册》）

38. 短翅细腹食蚜蝇 *Sphaerophoria scripta* (Linnaeus)，1758（图4-38）

形态特征：体细长，长8~12mm。

头部黄色；单眼三角区黑色；雌额条斑黑色，长直达触角基部。中胸盾片黑色，前后肩胛两侧边缘及小盾片黄色，毛同色。腹部极细长，远超过翅长，腹长约为宽的4~6倍；腹面黄色，背面黑色，2~4节背板中部生有黄色宽横带；雌第5节背板两侧各有1黄斑，使之呈黑色倒“T”字形；雌第6节大部黄色，具3个小黑斑；雄第5背板黄斑形状变异大，有时微呈雁飞状，有时整个背板黄色，只有几个小黑点。

分布：陕西、甘肃、新疆维吾尔自治区、四川、云南。

防治对象：棉蚜，麦蚜。

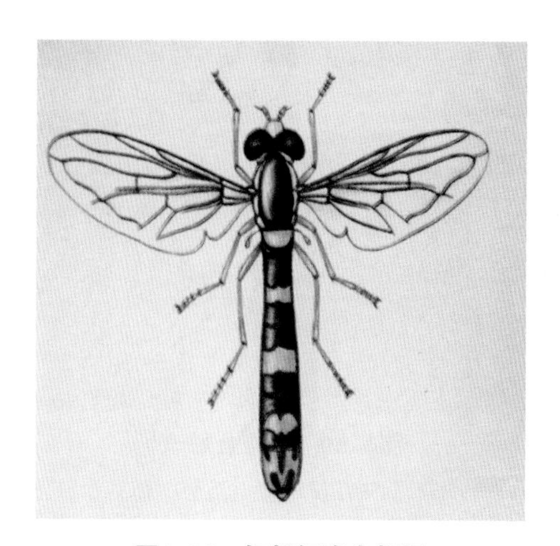

图4-38　短翅细腹食蚜蝇

（引自《四川农业害虫天敌图册》）

39. 黑带食蚜蝇 *Syrphus balteatus* (De Geer)，1776（图4-39）

形态特征：体长8~11mm。

头部除单眼三角区棕褐色外，其余为棕黄色，额毛黑色，颜毛黄色；雌额正中有1条黑色纵带。中胸盾片灰绿色，有4条明亮的黑色纵条，中间2条较窄，外侧2条较宽，达盾片后缘，小盾片黄色，周围边缘的毛同色，背面的毛黑色。腹部棕黄色，具黑色横斑，第1腹节背板黑绿色，第2、3节背板后缘及第4节背板后缘处各有一黑色横带，第2节背板前缘正中向后至中部有一分叉的黑斑，有时此斑在背板中央形成1条短黑带，黑带两端尖，中间不与背板前缘相连；第3、4背板近前缘处各有1条较窄的黑色横带，有时自中间分离并缩短；第5节背板上具黑色“I”字形斑纹，有时呈其他状或消失。

分布：湖北、上海、江苏、浙江、江西、广西壮族自治区、云南、河北、北京、黑龙江、内蒙古自治区、辽宁、西藏自治区、广东、福建。

防治对象：棉蚜及其他蚜虫。

图4–39 黑带食蚜蝇

（引自《四川农业害虫天敌图册》）

40. 月斑鼓额食蚜蝇 *Lasiopticus selenitica* (Meigen)，1972（图4–40）

形态特征：雌虫体长12~13.5mm，翅长10.5~11mm。复眼被淡色毛。头顶约为头宽的1/5，被黑毛。额宽略小于头宽的1/3，黄色，后部1/4处黑色，被黑毛，中部1/3覆黄粉。面黄色，有黑中纹。前、中足腿节基部1/4黑色，后足腿节1/5黄色，胫节有黑环。腹部第二背片端半部，第三、四背片基半部各有1对月形黄斑，第二、三对新月形环斑的内、外前角在同一个水平线上，与背板前缘距离相等。雄虫：复眼密被黑长毛并有黄色粉。触角基部2节棕黄，第三节黑色，仅腹面棕色。中胸盾片黑色，前半部被黄毛，后半部被棕黑毛。小盾片黄色，被黑毛。前、中足主要棕黄色，腿节基部1/2~1/3黑色，跗节背面黑色，末节黄色；后足腿节黄色，末端黄色；胫节黄色，中段以远有黑环，跗节黑色。翅透明，R4+5脉中段弯曲。

分布：北京、内蒙古自治区、甘肃、黑龙江、河北、上海、江苏、浙江、江西、湖北、广西壮族自治区、云南。

防治对象：蚜虫。

图4–40　月斑鼓额食蚜蝇

（引自《四川农业害虫天敌图册》）

41. 斜斑鼓额食蚜蝇 *Scaeva pyrastri* (Linnaeus)，1758（图4–41）

形态特征：体长13~15mm，宽4~5mm，较粗壮。

复眼赤褐色，密覆短毛；额棕黄色，雄额向前鼓出；颜棕黄色，颜中突棕黄色，周围毛棕黄色；雄两侧沿眼缘处有明显黑色毛。触角1、2节黄褐色，第3节及触角芒黑褐色。中胸前盾片蓝黑色，但两侧棕黄色，具光亮；小盾片棕黄色，前、中足基部、后足腿节大部分及各足跗节棕褐色，其余棕黄色。腹部棕黑色具光泽，第2~4节背板各有1对黄斑，第1对黄斑长条形，第2、3对斑稍倾斜，第4、5节白斑后缘黄色。

分布：湖北、江苏、浙江、江西、北京、河北、上海、吉林、辽宁、云南、西藏自治区、甘肃。

防治对象：棉蚜及多种蚜虫。

42.梯斑墨食蚜蝇 *Melanostoma scalare* (Fabricius)，1794（图4–42）

形态特征：体长8~10mm。

单眼三角区黑色，额、颜黑色覆灰色粉被，稍具光泽。触角棕黄色，第3节背侧褐色，足大部棕黄。雄腹部明显狭于胸部，长约为宽的5.5倍，第2节背板中部有1对小形黄斑，第3、4节背板各有与前缘相连的黄色长方形斑1对；雌腹部圆锥形，第2、第3、第4、第5节背板各生黄斑1对，第2节黄斑小，生于两侧近中部，第3、第4节斑大外缘凹入，前缘达背板前缘。

分布：湖北、四川、浙江、福建、云南、西藏自治区。

防治对象：蚜虫。

图4-41　斜斑鼓额食蚜蝇

（引自《四川农业害虫天敌图册》）

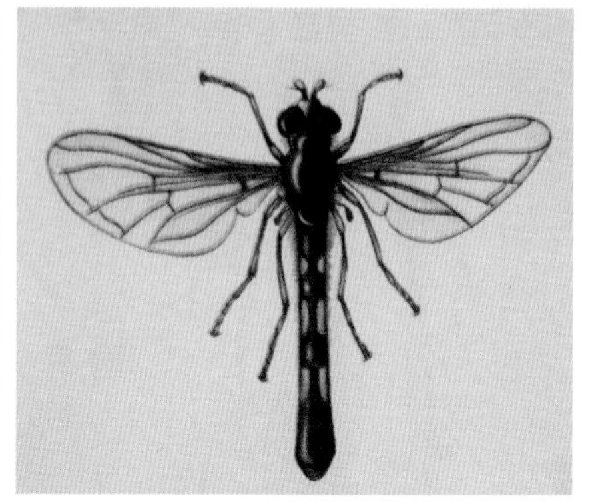

图4-42　梯斑墨食蚜蝇

（引自《四川农业害虫天敌图册》）

43. 四条小食蚜蝇*Paragus quadrifasciatus* Meigen（图4-43）

形态特征：体长5~6mm，两复眼上各有2条明显的灰白色眼毛，从上到下并行排列，此即“四条”名称之由来。雄额黄色，雌额黑色，覆淡色粉被。雄额全黄，雌额正中有暗的狭纵条。中胸背板蓝色，带绿色光泽，前半部有1对较短的灰白色纵条。小盾片前半黑，后半黄。足棕黄色或前、中足腿节基部及后腿节大部黑色。雄蝇第1、2腹节黑色，第3~5节背板棕色，第2、3背板的前半部各有一中间断裂或完整的黄白色横带，第2背板黄带的两侧不达背板边缘，第3背板黄带两侧至背板边缘处变宽，第4背板的前半部和第5背板中间两侧各有1条被白粉的狭横带。雌蝇腹部4条黄横带正中断裂或完整，第4、5背板上也有被白粉的狭带。

分布：湖北、河北、河南。

防治对象：棉蚜。

图4-43　四条小食蚜蝇

（引自《四川农业害虫天敌图册》）

44. 赤腹茧蜂 *Iphiaulax impostor* (Scopoli)，1763（图4-44）

分布：吉林、浙江、江苏、甘肃。

防治对象：天牛幼虫

图4-44　赤腹茧蜂

（引自《昆虫世界》：www.insecta.cn）

45. 燕麦蚜茧蜂*Aphidius avenae* Haliday，1834（图4-45）

形态特征：雌性体长2.5~3.4mm，触角15~17节(多数个体16节)；雄性体长1.8~2.9mm，触角18~21节(多数个体19节)。体褐色；脸、唇基、口器为黄褐色；腹柄节前端2/3为黄褐色，后缘1/3为黑褐色，足黑褐色。头横宽；后头脊明显；上颚比复眼横径短(3: 4)，两边近于平行，后头脊明显。鞭节粗，第一鞭节长为宽的3倍，第十鞭节长为宽的2倍。前翅中脉基部消失，第一径室与中室愈合；径室外缘由第二径脉封闭(颜色较浅)；翅痣长为宽的3.3倍，为痣外脉的1.5倍；径脉第一段为翅痣宽度的1.4倍。盾纵沟深而明显，内具横脊，全程达中胸盾片的1/2，沟缘具长毛。併胸腹节由隆脊形成很窄小的五边形小室。腹柄节长，长度为气门瘤处宽度3.5倍，由气门瘤以后逐渐扩大。腹部：雌纺锤形，雄长椭圆形。产卵管鞘短而宽，背面隆起明显，上具4~5根长毛，腹面具4根长毛。

分布：北京、辽宁、河北、河南、湖北、湖南、江苏、浙江、江西、福建、广东。

防治对象：寄生麦长管蚜。

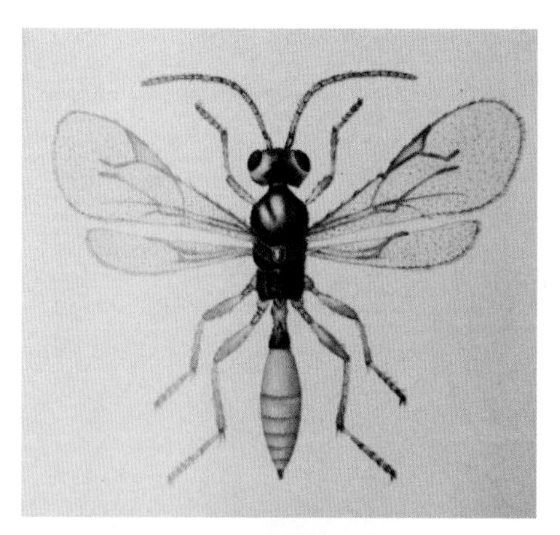

图4-45　燕麦蚜绒茧蜂

（引自《四川农业害虫天敌图册》）

46. 菜粉蝶绒茧蜂*Apanteles glomeratus* (Linnaeus)，1758（图4-46）

形态特征：体长约3mm，黑色，须黄色，触角近基部红褐色，足除腿、胫节末端外大部分黄褐色；翅透明，翅基片暗红色；翅痣、翅脉淡红褐色；第1、2腹节背板侧缘黄色，腹面基部黄褐色。头横宽，大部分有光泽和细褶；盾纵沟浅，且有细刻纹；小盾片平，有光泽；中胸侧板上部具刻点，下部平滑；并胸腹节有粗糙纵脊，中央有纵脊痕。胸腹等长，腹末尖；第一、二背板具皱纹，余皆光滑，第一背板长约为宽的1.5倍，侧缘平行；第二背板短于第三背板，有深的斜沟，侧方平滑；径脉自翅痣中央伸出，第一段明显长于肘间脉，连接处成折角；亚盘脉从第一臀室中央伸出，后足基节上部及侧面有光泽，下方有刻点；后胫距短于基跗节之半。产卵器短。

分布：黑龙江、吉林、辽宁、内蒙古自治区、陕西、河北、山西、江苏、浙江、台湾。

防治对象：菜粉蝶、山楂粉蝶幼虫。

47. 苜蓿叶象姬蜂*Bathyplectes curculionis* (Thomson)（图4-47）

分布：新疆维吾尔自治区、内蒙古自治区、甘肃等。

防治对象：苜蓿叶象甲。

图4-46 菜粉蝶绒茧蜂

（引自《天敌昆虫图册》）

图4-47 苜蓿叶象姬蜂

48. 烟蚜茧蜂*Aphidius gifuensis* Ashmead，1906（图4-48）

形态特征：体长2.0~2.7mm，翅长1.8~2.5mm，触角长1.9~2.1mm。

体橘黄色至黄褐色。头部黑色横宽，表面光滑，有光泽；复眼、单眼黑色；复眼大，有短毛；单眼呈锐角至直角排列与头顶；触角线状，棕褐色，雌为16~18节，多为17节。雄为19~20节，基部2节及鞭节第1节显黄色；颜面褐黄色，唇基、上唇、上颚及须黄色。胸部背面棕褐色，有时具橘黄色斑，侧面及腹面淡黄至黄褐色；中胸盾片前方垂直落砌于前胸背板上，盾纵沟在前方向上隆起处明显，沿盾片边缘和盾纵沟有较长细毛；并胸腹节上的中央小室狭长，沿盾片边缘和盾纵沟有较长细毛，向后端渐膨大，中部背面稍缢缩。腹背面具皱，中间有稍微纵脊。

分布：陕西、河北、山东、江苏。

防治对象：麦二叉蚜，麦长管蚜，棉蚜，大豆蚜，桃蚜等。

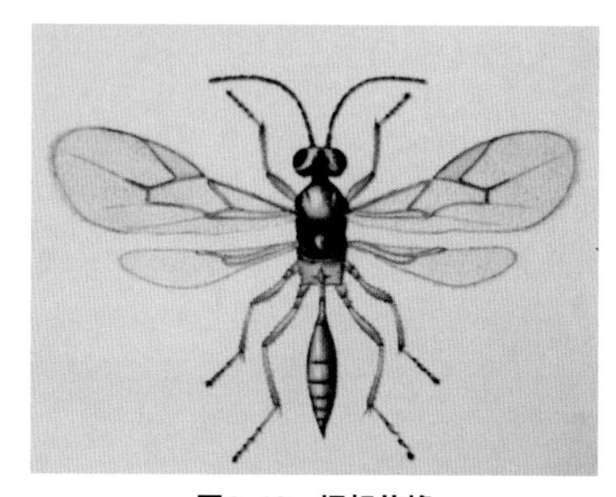

图4-48　烟蚜茧蜂

（引自《四川农业害虫天敌图册》）

49. 菜蚜茧蜂*Diaeretiella repae* Mintosh（图4-49）

形态特征：雌虫体长2.1~2.9mm，翅长1.9~2.3mm，触角长1.3~1.5mm。

头部黑褐色，横形，表面光滑具短毛，有光泽，与中胸背板等宽。颊为复眼宽的1/5，上颊与复眼横径等宽。复眼突出长卵圆形，向唇基收敛。触角线状13~15节，通常14节，鞭节第1、2节等长，向端部略加粗。柄节、梗节及鞭节第1节基部黄色，其余鞭节呈褐色。中胸背板光滑，疏生细毛。盾片前段垂直砌片背板上，盾纵沟仅肩部处明显且深。并胸腹节具脊和窄而小的五边形小室。腹柄节黄褐色，长为气门瘤处宽的3.5倍，向末端渐稍扩大，中央具稍微分叉的纵脊。腹部纺锤形，光滑有稀毛，第2~3节背板黄褐色，其余腹节黑褐色。

分布：陕西、甘肃、新疆维吾尔自治区、北京、浙江、福建、台湾、河南、湖北、广东、四川。

防治对象：麦二叉蚜，麦长管蚜，菜蚜，菜缢管蚜，桃蚜，棉蚜等。

50. 塔六点蓟马*Scolothrips takahashii* Priesener，1950（图4–50）

形态特征： 体长0.9mm左右，淡黄至橙黄色。

头顶平滑。单眼区呈半球形隆起，单眼间有1对长鬃，接近两触角窝有1对短鬃。触角8节，较短，约为头长的1.5倍，第2节最大，近圆形，末端2节最小。前胸长约与头长相等，周缘有褐黑色长鬃6对。翅狭长，稍弯曲，前缘有鬃20根，后缘有长而密的缨毛。翅上有明显的黑褐色斑3块，有翅脉2条，上脉具黑褐色长鬃11根。腹部第9节上的鬃比第10节上的长。

分布： 湖北、江苏、上海。

防治对象： 叶螨。

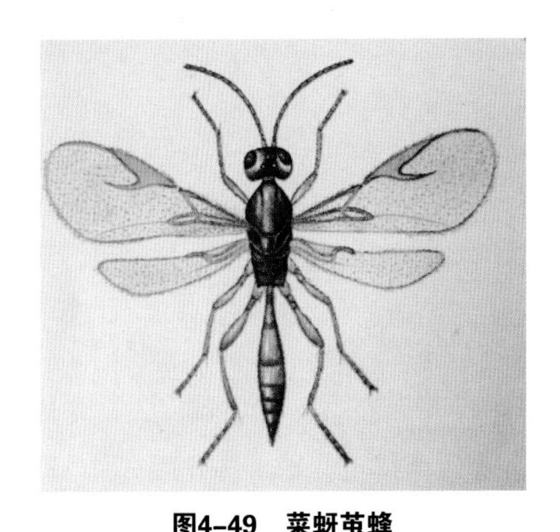

图4–49 菜蚜茧蜂

（引自《四川农业害虫天敌图册》）

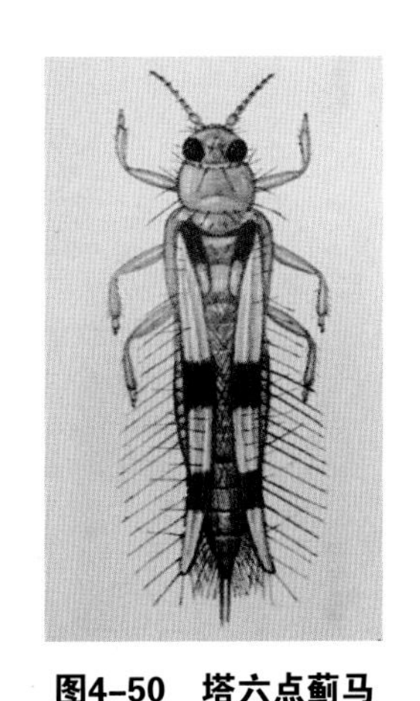

图4–50 塔六点蓟马

（引自《四川农业害虫天敌图册》）

51. 横纹金蛛*Argiope bruennichii* (Scopoli)，1772（图4–51）

形态特征： 雌蛛：体长18~25mm。头胸部呈卵圆形，背面灰黄色，密生银白色毛。螯肢基节、触肢、颚叶和下唇皆黄色。中窝纵向，颈沟、放射沟均为深灰色。胸板中央黄色，边缘黑色。步足黄色，上有黑色斑块和黑色轮纹。腹部呈长椭圆形，背面黄色，自前向后共有10~11条黑色横纹。腹部腹面有一黑色纵带，上有3对黄色圆点，两侧各有一淡黄色纵斑。纺器呈棕红色。雄蛛体长5.50mm左右，体色不如雌蛛鲜艳。头胸部及步足皆呈黄色。腹部背面密布白色鳞斑，两侧各有6~7枚黑色点斑，在第3~7对点斑之间亦有数个黑色点斑组成横向排列。腹部腹面两侧各有一白色条斑。

分布：湖北、云南、广东、广西壮族自治区、湖南、贵州、四川、江苏、安徽、山东、新疆维吾尔自治区、甘肃、吉林、辽宁。

防治对象：蛾、蝶、叶蝉、飞虱等。

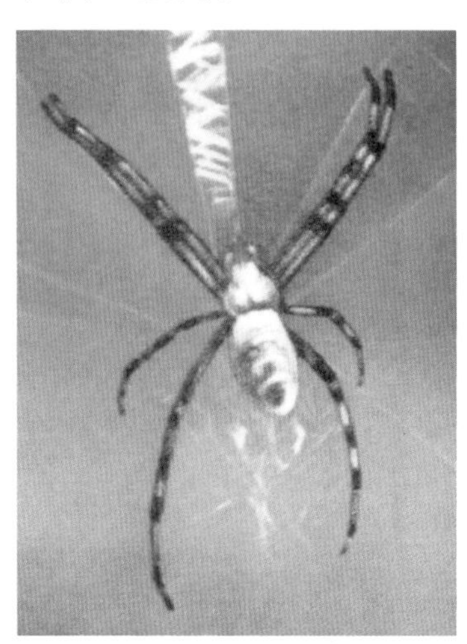

图4-51　横纹金珠

（引自《中国烟草昆虫》仿冯钟麒）

52. 黄褐新园蛛 *Neoscone doenitzi* (Bose. et Str.)，1906（图4-52）

形态特征：雌蛛体长9mm，雄蛛体长7mm左右。背甲黄褐色，中央及两侧有黑色条纹。胸板黑色。腹部卵圆形，腹背黄褐色，基半部有两对“八”字形淡黄色斑纹和两对黑斑点，在第一对黑斑点的中间还有两个小的黑点；后半部有4条渐次减短的黑色横纹，横纹的中央淡黄色，两侧各有黑斑形成的纵纹1条，直达腹的末端。腹面中央有长方形黑褐色斑，其两侧和后方有白色斑。黄褐新园蛛随环境变化较大，至9月以后，一般变为棕黄或红棕色，但从腹背的黑点和纵纹仍然可以识别出来。雌蛛产卵于丝织卵囊内，卵囊外还有一层丝网盖住，从外面隐约可见其中卵粒。卵初产时白色，后变橙黄色。幼蛛从卵内孵出时为灰白色，后变淡黄绿色，腹背有4个明显的黑点。稍大后，4个黑点后方出现黑色的横纹和其间的纵纹。腹面中央有黑纹。

分布：吉林、辽宁、山东、江苏、安徽、浙江、江西、湖北、湖南、四川、台湾。

防治对象：多种害虫。

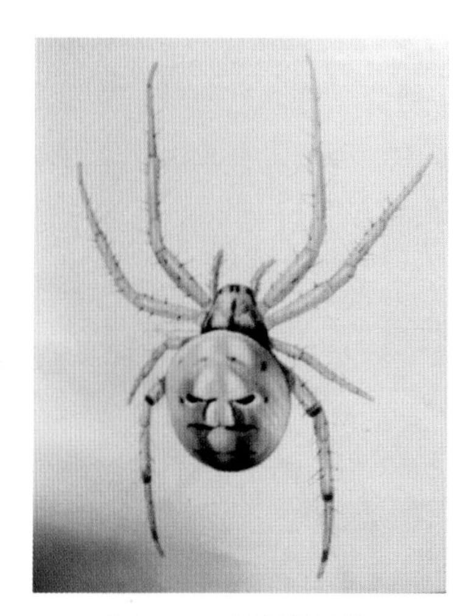

图4-52 黄褐新园蛛

（引自《中国蜘蛛原色图鉴》）

53. 大腹园蛛*Araneus ventricosus* (L.Koch)，1878（图4-53）

形态特征雌蛛体长12~22mm。体色与斑纹多变异，一般黑或黑褐色。背甲扁平，前端宽，中窝横向，颈沟明显。胸板中央有一“T”形黄斑，周缘呈黑褐色轮纹。腹部背面前端有肩突，心脏斑黄褐色，其两侧各有2个黑色筋点，呈梯形排列。腹背后部直至体末端有一棕黑色叶斑，边缘有黑色波纹，叶斑两侧为黄褐色。腹部腹面中央褐色，两侧各有一黑色条斑。纺器黑褐色。外雌器垂体呈黑色，弯曲部柔软，黄白色，有环纹，末部褐色，坚硬，边缘卷起。雄蛛：体长12~17mm。中窝横凹呈坑状。步足较雌蛛长。第1对步足胫节末端较粗，下方内侧角有粗刺，后跗节基半部有一弧形弯曲。

分布：湖北、湖南、四川、江苏、浙江、安徽、贵州、云南、河南、河北、上海、北京、山东、陕西、辽宁、吉林、内蒙古自治区、宁夏回族自治区、青海、新疆维吾尔自治区。

防治对象：马尾松毛虫、蚊、蝇、蜻蜓、蜉蝣等。

54. 黑斑亮腹蛛*Singa hamata* (Clerck)，1757（图4-54）

形态特征雌蛛体长5~6mm，雄蛛体长3~4mm。色泽较雌蛛深。背甲棕褐色，头部黑褐色，眼区黑色，颈沟、放射沟黑色，中窝横向，胸板褐色，多黑刺。步足棕黄色，各节末端深褐色。腹部长卵圆形，腹背中央黄褐色，其两侧各有一棕黑色纵带，其内侧有5对黑色小圆点，腹背两侧缘浅棕黄色。腹面中央黑色，两侧有一黄白色条纹。纺器黑色。

分布：四川、吉林、辽宁、内蒙古自治区、宁夏回族自治区、甘肃、青海、新疆维吾尔自治区、河北、北京、山西、陕西、山东、河南、江苏、浙江、湖北、湖南、广东、贵州。

防治对象：多种害虫。

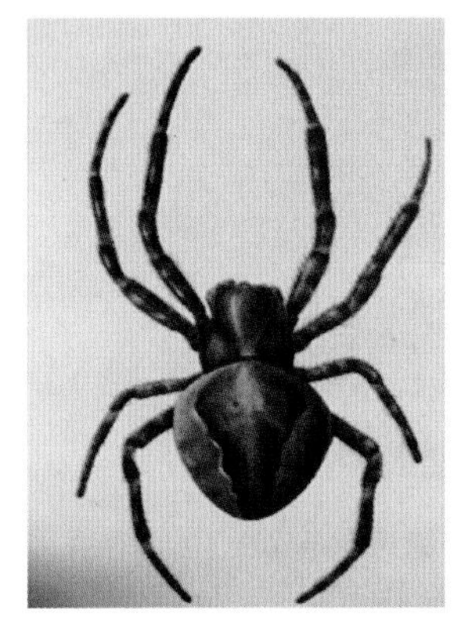

图4-53　大腹园蛛

（引自《中国蜘蛛原色图鉴》）

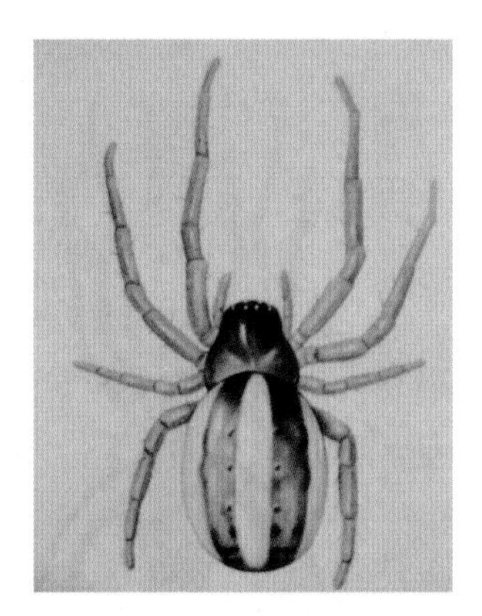

图4-54　黑斑亮腹蛛

（引自《中国蜘蛛原色图鉴》）

55. 四点高亮腹蛛*Hypsosinga pygmaea* (Sundevall)，1831（图4-55）

形态特征：体长3~4mm。头胸部褐色，步足黄褐色，跗节末端色泽较深。幼蛛腹部背面黄白色，有两对黑点；成蛛腹部赤褐色，两对黑点不明显，有些个体在腹部背面中央和两侧有黄白色或灰褐色条纹。

分布：四川、内蒙古自治区、宁夏回族自治区、甘肃、新疆维吾尔自治区、陕西、山东、河南、江苏、安徽、浙江、湖北、江西、湖南、福建、广东、贵州。

防治对象：叶螨、飞虱、棉蚜、蓟马等。

56. 草间小黑蛛*Erigonidium graminicolum* (Sundevall)，1829（图4-56）

形态特征：雌蛛体长2.8~3.2mm。头胸部赤褐色，具光泽，颈沟、放射沟、中窝色泽较深。前、后齿堤均5齿，但翦齿堤的齿较大。胸板赤褐色。步足黄褐色。腹部卵圆形，灰褐或紫褐色，密布细毛。腹部中央有4个红棕色凹斑，背中线两侧有时可见灰色斑纹。雄蛛体长2.5~3.5mm。头胸部赤褐色。螯肢基节外侧有颗粒状突起形成的摩擦脊，内侧中部有1大齿，齿端具长毛1根，前齿堤6齿；后齿堤4齿。触肢之膝节末端腹面有1个三角形突。

分布：湖北、湖南、江苏、浙江、台湾、福建、广东、安徽、河北、辽宁、吉林、江西、山东、陕西、广西壮族自治区、贵州、山西、河南、新疆维吾尔自治区、宁夏回族自治区、青海、上海、云南。

防治对象：蚜虫，蓟马，红蜘蛛，棉铃虫，小造桥虫。

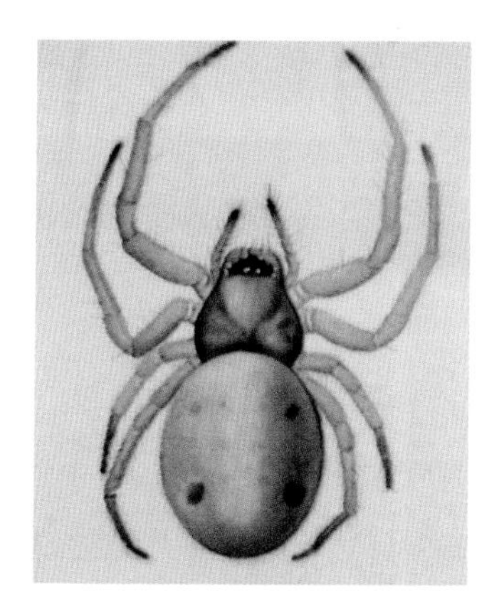

图4–55 四点高亮腹蛛

（引自《中国蜘蛛原色图鉴》）

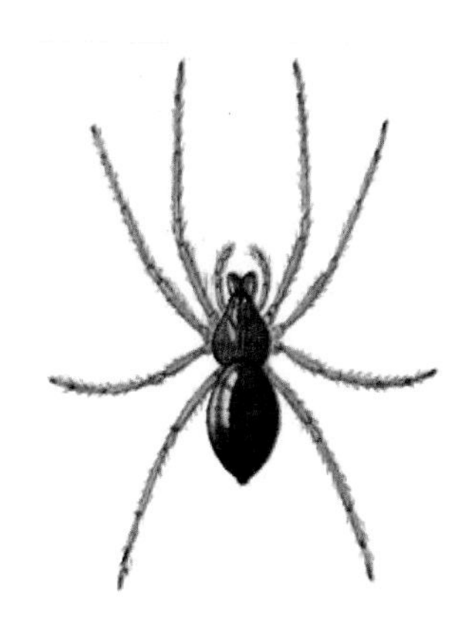

图4–56 草间小黑蛛

（引自《中国农业有害生物信息系统》：http://www.agripests.cn/index.asp）

57. 拟环纹豹蛛*Pardosa pseudoannulata* (Bose.etStr.)，1906（图4–57）

形态特征：雌蛛体长10~14mm。头胸部背面正中斑呈黄褐色，前宽后窄，正中斑前方具1对色泽较深的棒状斑，中窝粗长呈赤褐色。背甲两侧的侧纵带呈暗色。前眼列平直并短于第二眼列，第二行眼大。额高为前中眼的2倍。胸板黄色，在第1/2、2/3、3/4对步足基节间的部位各有1对黑褐色斑点。步足褐色，具淡色轮纹，各胫节有2根背刺。腹部心脏斑呈枪矛状，其两侧有数对黄色椭圆形斑，前两对呈“八”字形排列，其余数与左右相连，每个斑中各有1个小黑点。外雌器中部有1窄长突出。雄蛛体长8~10mm。体色较暗。胸板呈黑褐色。

分布：湖北、湖南、江苏、浙江、安徽、台湾、福建、广东、广西壮族自治区、江西、云南、贵州、河南、陕西、河北、北京、上海、甘肃、吉林、辽宁、西藏自治区。

防治对象：飞虱、叶蝉及螟蛾科等多种害虫。

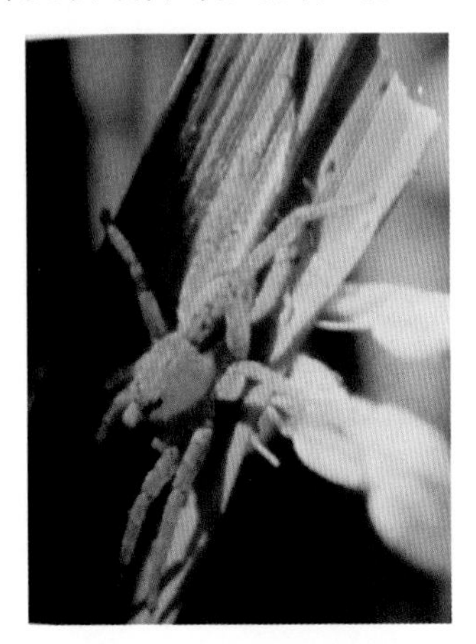

图4-57　拟环纹豹蛛

（引自《中国烟草昆虫》）

58. 星豹蛛*Pardosa astrigera*. L. Koch，1877（图4-58）

形态特征：雌蛛体长5.5~10.0mm，体黄褐色，背甲正中斑浅褐色，呈“T“字形，两侧有明显的缺刻，两侧各有一褐色纵带。放射沟黑褐色。头部两侧垂直，眼域黑色，前眼域短于第二行眼，后中眼大于后侧眼。胸板中央有一棒状黑斑。步足多刺具深褐色轮纹，以第Ⅳ对步足为最长，其胫节背面基部的刺与该步足膝节之长度相等。第1步足胫节有3刺，第Ⅳ后跗节略长于膝、胫节长度之和。腹部背面黑褐色。心脏斑黄色，后方有黑褐色细线纹分割为数对黄褐色斑纹，其中，各有1黑点，形似“小”字形。腹部腹面黄褐色，正中央淡黄色，有的个体可见1个大“V”形斑。雄蛛体长8mm左右，全体呈暗褐或黑褐色。背甲及腹部背面的色泽及斑纹与雌蛛相似。胸板褐色或黑褐色，大部分个体胸板中央具棒状黄斑。第1步足胫节、后跗节多刚毛，而这些刚毛由上述2节的基部直至端部，依次由长而变短。触肢器之跗舟密生黑色毛。

分布：湖北、湖南、福建、台湾、江西、浙江、江苏、安徽、河北、山西、山东、陕西、四川、北京、青海、新疆维吾尔自治区、宁夏回族自治区、西藏自治区、辽宁、吉林。

防治对象： 棉蚜、飞虱、叶蝉、棉铃虫、玉米螟、地老虎等鳞翅目的卵和幼虫。

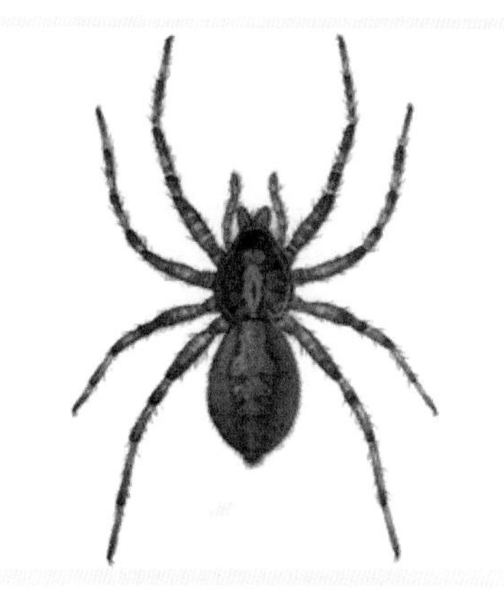

图4–58 星豹蛛

（引自《中国农业有害生物信息系统》: http://www.agripests.cn/index.asp ）

59. 沟渠豹蛛*Pardosa laura* Karsch，1879（图4–59）

形态特征： 雌蛛体长6~8mm。背甲黑色，正中斑窄长部位两侧缘的缺刻不像星豹蛛那样明显。前额颇圆，后端略细，并生有白色细毛。正中斑两侧有深褐色侧斑。放射沟明显。第一眼列同大并略短于第二眼列；第二眼列位于额缘下；第三眼列位于头顶部之弯曲面上。胸板周缘为黑褐色，中央有一个“V”字形黑斑；有的个体胸板几乎全部呈黑色，仅在中部显有长椭圆形的淡黄色区。步足淡黄色，具深褐色轮纹，第1步足跗节背面基部有1根长毛，以第Ⅳ对步足为最长，其胫节背面有刺。腹部背中央黄褐色，两侧为深褐色，心脏斑的前端具1对小黑点，两侧及后端各有2对黑色斑点及许多小黑点。腹部腹面黄褐色。

雄蛛体长4~5mm，体形似雌蛛，色泽较暗。触肢上密生黑毛，各节的长度：腿节0.75mm，膝节0.35mm，胫节0.51mm，跗节0.75mm。

分布： 湖北、湖南、江苏、浙江、台湾、安徽、福建、贵州、山东、河南、陕西、甘肃。

防治对象： 飞虱，叶蝉等。

图4-59　沟渠豹蛛

（引自《中国烟草昆虫》）

60. 三突花蛛*Misumenopos tricuspidata* (Fahricius)，1775（图4-60）

形态特征：雌蛛体长4~6mm，体色多变，有绿、白、黄色。两眼列均后曲，前侧眼较大并靠近，余眼等大，均位于眼丘上。心脏斑心形，长宽几乎相等。前二对步足长，各步足具爪，有齿3~4个。腹部呈梨形，前宽后窄，腹背斑纹变化较大，有3种基本类型：无斑型、全斑纹型及介于两者之间的中间斑纹型。雄蛛体长3~5mm。背甲红褐色，两侧各有一条深褐色带纹，头胸部边缘呈深褐色。有2对步足的膝节、胫节、后跗节的后端为深棕色。触肢器短而小，末端近似1个小圆镜，胫节外侧有一指状突起，顶端分叉，腹侧另有1小突起，初看似3个小突起。

分布：湖北、湖南、江苏、浙江、安徽、江西、广东、福建、台湾、云南、上海、山东、河南、山西、陕西、河北、北京、贵州、新疆维吾尔自治区、宁夏回族自治区、青海、内蒙古自治区、辽宁、吉林。

防治对象：叶螨、蚜虫、马尾松毛虫、斜纹夜蛾、绿盲蝽等多种昆虫。

图4-60 三突花蛛

（引自《中国烟草昆虫》）

61.波纹花蟹蛛*Xysticus croceus* Fox，1937（图4-61）

形态特征：雌蛛体长6~9mm。背甲两侧有一深棕色宽纵带。二眼列均后曲，侧眼大于中眼。胸板黄色，布有棕色斑点。第Ⅰ、Ⅱ对步足较长，腿节末具褐斑，胫节及后跗节多刺。腹部后端宽，背面具棕黑色斑纹。外雌器前缘不成弧形，而中部下凹，其后缘有波状弯曲。

分布：湖北、湖南、四川、安徽、江苏、浙江、山东、山西、陕西。

防治对象：为害棉花、大豆、苜蓿等的害虫。

图4-61 波纹花蟹蛛

（引自《中国烟草昆虫》）

62.斜纹花蟹蛛*Xysticus saganus* Boes. et Str.，1906（图4-62）

形态特征：雌蛛体长8.0~10.5mm。背甲宽圆，中央斑淡黄色，两侧各有一条浅褐色纵行带纹。背甲前端及两侧具有对称排列的黑褐色刚毛。前、后眼列之间有一白色横带相隔。螯肢前齿堤有7~8根粗刚毛。胸板前平后尖具黑色长刚毛。腹部背面两侧有较宽的斜行横带，腹背两侧缘及腹部腹面有许多浅黄色及灰白色相间的斜纹。雄蛛体长8~9mm。体形构造同雌蛛。

分布：山东、吉林、江苏、山西、新疆维吾尔自治区、西藏自治区。

防治对象：为害水稻、棉花等的害虫。

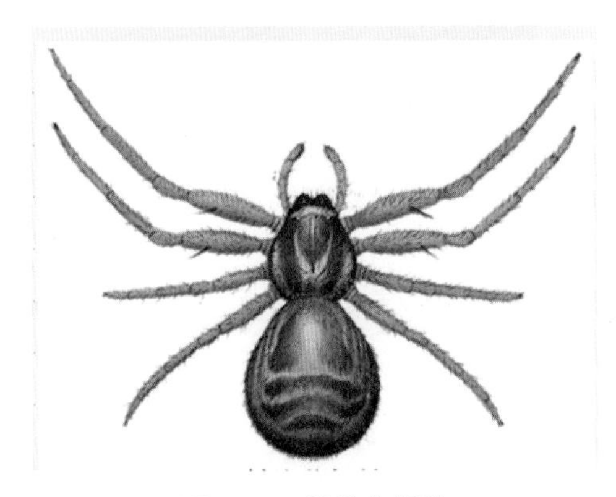

图4-62　斜纹花蟹蛛

（引自《中国农业有害生物信息系统》: http://www.agripests.cn/index.asp）

苜蓿主要害虫防治技术规程

1 范围

本标准规定了苜蓿田主要害虫防治技术规程的术语和定义、防治对象、防治指标和防治技术。

本标准适用于我国苜蓿田主要害虫防治。

2 规范性引用文件

下列文件对于本文件的应用是必不可少的。凡是注日期的引用文件，仅所注日期的版本适用于本文件。凡是不注日期的引用文件，其最新版本（包括所有的修改单）适用于本文件。

GB 4285《农药安全使用标准》。

GB/T 8321《农药合理使用准则》。

NY/T 1276《农药安全使用规范总则》。

3 术语和定义

3.1 防治指标（Economic threshold）

害虫的某一种群密度，对此密度应采取防治措施，以防害虫达到经济危害水平，即引起经济损失的最低虫口密度。

3.2 安全间隔期（Safety interval）

最后一次施药至利用前的时间间隔，该时间间隔内农药残留降至最大允许残留量以下。

3.3 植物源农药（Plant pesticide）

从植物中提取的活性成分、植物本身和按活性结构合成的化合物及衍生物。

3.3 陷阱法（Pitfall traps）

利用昆虫对引诱物的趋性，设置陷阱诱集昆虫的方法。

3.4 复网（Double network）

一复网表示，使用捕虫网贴近地面水平180度左右各扫1次。

3.5 现蕾期（Squaring stage）

植株长（抽）出第一丛花蕾的日期称之为现蕾期。

3.6 低龄幼虫（Low instar larvae）

龄期处于2龄以下的幼虫。

4 防治对象

4.1 蚜虫类

苜蓿无网蚜*Acyrthosiphon kondoi* Shinji *et* Kondo、豆蚜（苜蓿蚜）*Aphis craccivora* Koch、豌豆蚜*Acyrthosiphon pisum* (Harris)和三叶草彩斑蚜*Therioaphis trifolii* (Monell)等。

4.2 蓟马类

牛角花齿蓟马*Odontothrips loti* (Haliday)、烟蓟马*Thrips tabaci* Lindeman、苜蓿蓟马（西花蓟马）*Frankliniella occidentalis* (Perg.)和花蓟马*Frankliniella intonsa* (Trybom)等。

4.3 蝽类

苜蓿盲蝽*Adelphocoris lineolatus* (Goeze)、牧草盲蝽*Lygus pratensis* (Linnaeus)和三点苜蓿盲蝽*Adelphocoris fasciaticollis* Reuter等。

4.4 螟蛾类

苜蓿夜蛾*Heliothis viriplaca* (Hufnagel)、甜菜夜蛾*Spodoptera exigua* (Hübner)和草地螟*Loxostege sticticalis* (Linnaeus)等。

4.5 象甲类

苜蓿叶象甲（*Hypeapostica Gyllenahl*）和甜菜象甲（*Bothynoderes punctivertuis* Germar）等。

4.6 地下害虫类

东北大黑鳃金龟*Holotrichia diomphalia* (Bates)、华北大黑鳃金龟*Holotrichia oblita* (Faldermann)、铜绿丽金龟*Anomala corpulenta* Motschulsky、白星花金龟*Protaetia (Liocola) brevitarsis*(Lewis)、沟金针虫*Pleonomus canaliculatus* Faldermann和细胸金针虫*Agriotes fuscicollis* Miwa等。

4.7 芫菁类

豆芫菁*Epicauta (Epicauta) gorhami* (Marseul)、中华豆芫菁*Epicauta (Epicauta) chinensis* Laporte、绿芫菁*Lytta (Lytta) caraganae* (Pallas)、苹斑芫菁*Mylabris (Eumylabris) calida* (Palla)等。

5 防治指标

表1 苜蓿不同生长期的蚜虫防治指标

株高	苜蓿斑蚜		苜蓿无网长管蚜		豌豆无网长管蚜		苜蓿蚜	
	1复网	枝条（个）	1复网	枝条（个）	1复网	枝条（个）	1复网	枝条（个）
<5cm	—	1	—	1	—	5	—	5
5～25cm	100	10	100	10	300	40	300	40
>25cm	200	30	200	30	400	75	400	75

5.1 蚜虫类

5.2 蓟马类

苜蓿株高低于5cm时，防治指标为100头/百枝条；苜蓿株高低于25cm时为200头/百枝条；株高大于25cm时为560头/百枝条。

5.3 盲蝽类

若虫4头/复网。

5.4 草地螟

低龄幼虫 7～10头/百枝条。

5.5 苜蓿夜蛾

低龄幼虫3～5头/百枝条，或15头/复网

5.6 苜蓿叶象甲

低龄幼虫20头/复网，或1头/枝条。

5.7 芫菁类

成虫1头/m^2。

6 防治技术

6.1 农业防治

6.1.1 及时刈割

现蕾期前后，害虫数量即将或达到防治指标时，及时刈割；防治苜蓿叶象甲，5月下旬前适时刈割。

6.1.2 选用适宜当地种植的抗虫优良品种。

6.1.3 加强田间水肥管理，提高植株生长势。

6.1.4 进行轮作倒茬和品种合理布局。

6.1.5 秋末或苜蓿返青前及时清除田间残茬和杂草，降低越冬虫源。

6.2 生物防治

6.2.1 天敌自然控制

保护和利用苜蓿第二茬和第三茬瓢虫类、草蛉类、捕食蝽类、食蚜蝇类及寄生蜂等天敌昆虫的自然控制作用。

6.2.2 微生物农药

选用苏云金杆菌(*Baeillus thuringiensis*)和绿僵菌（*Metarhizium anisopliae*）等新剂型防治蚜虫和螟蛾类。

6.2.3 药剂防治

表2 苜蓿田主要害虫药剂防治方法

药剂类别	通用名	剂型和含量	有效成分使用量（g/hm^2）	防治对象	使用适期	使用方法	安全间隔期
植物源农药	藜芦碱	0.5%可溶性液剂	5.628～7.5	蚜虫、蓟马、盲蝽类、苜蓿夜蛾、草地螟和芫菁类	现蕾期前，且田间天敌数量较多时	叶面喷雾	—
	印楝素	0.5%乳油	9.375～11.25				
	苦参碱	1%乳油	7.5～18				
	鱼藤酮	2.5%乳油	37.5	蚜虫			
	斑蝥素	0.1%水溶剂	200～250	蓟马、草地螟			
化学农药	毒死蜱	40%乳油	450～900	蓟马、苜蓿叶象甲、苜蓿籽象甲、盲蝽类和芫菁类	现蕾期前，且天敌数量少，作为应急防治	叶面喷雾	7d
	高效氯氰菊酯	4.5%乳油	15～22.5				7d
	溴氰菊酯	2.5%乳油	8～15				7d
	吡虫啉	3%乳油	18～22.5	蚜虫			7d
	啶虫脒	5%乳油	15～30				14d
	甲基异柳磷	40%乳油	0.05%	地下害虫、象甲	播种时	拌种	—
	辛硫磷	3%颗粒剂	200～400		苗期	撒施	—
	毒死蜱	15%颗粒剂	拌细土5～6倍				

严格执行GB 4285、GB/T 8321和NY/T 1276等相关规定。

注：施药时要保证药量准确，喷雾均匀，喷雾器械达到规定的工作压力，尽可能在无风条件下施药，施药时间为每日10:00以前或17:00以后，施药后12小时内遇降雨应补喷。应交替使用本规程推荐的药剂

6.3 物理防治

6.3.1 黏虫板诱杀

蚜虫采用黄板诱杀，蓟马采用蓝板诱杀。诱虫板下沿与植株生长点齐平，

随植株生长调整悬挂高度；每公顷悬挂规格为25cm × 30cm的黏虫板450张，或20cm × 30cm规格的600张。当诱虫板因受到风吹日晒及雨水冲刷失去黏着力时，应及时更换。

6.3.2 陷阱法诱杀

针对地下害虫，采用1次性塑料杯作为诱集容器，引诱剂为醋、糖、酒精和水的混合物，重量比为2：1：1：25，每个诱杯内40 ~ 60ml，放置密度为每公顷450 ~ 600个。

6.3.3 灯光诱杀

防治鳞翅目和金龟甲类害虫可选用频振式杀虫灯防治。采用棋盘式布局，各灯之间的距离为200~240m，灯的底端（接虫口对地距离）离地120~150cm，时间为20:00至翌日早晨6:00。

阻隔设置各种障碍物，防治害虫为害或阻止蔓延。

6.3.4 器械捕杀

利用器械进行捕杀，如：带有动力装置的吸虫器。

主要参考文献

1. Gordon RD. 1985. The Coccinellidae (Coleoptera) of America North of Mexico. Journal of the New York Entomological Society, 93(1): 1-912.
2. Kapur AP. 1962. Geographical variations in the colour patterns of some Indian ladybeetles (Coccinellidae, Colepotera)- Part Ⅰ, Coccinella septempunctata Linn., C. transversalis Fabr., and Coelophora bissellata Muls. Proceedings of the first ALL Indian Congress of Zoology (Jabalpur, 1959), Calcutta, Pt. 2, 479-492.
3. Kapur AP. 1963. The Coccinellidae of the third Mount Everest expedition, 1924 (Coleoptera). Bulletin of the British Museum (Natural History), Entomology, 14(1): 3-48.
4. Mader L. 1939. Neue Coleopteren aus China. Entomologisches Nachrichtenblatt, 13(1/2): 41-51.
5. Savoiskaya GI. 1983. Larvae of coccinellids (Coleoptera, Coccinellidae) of the USSR fauna. Leningrad: Nauka.
6. 白文辉，徐绍庭，宋银芳，等. 1985. 内蒙古草业昆虫名录. 中国草原，(1): 41-47.
7. 曹诚一，潘勇智，王红. 1992. 云南瓢虫志. 昆明: 云南科技出版社.
8. 陈一心. 1985. 几种地老虎的鉴别. 中国植保导刊，(1): 8-17.
9. 戴宗廉，李桂兰，王树诚，等. 1987. 展缘异点瓢虫生物学特性观察. 昆虫天敌，(3): 14-15.
10. 耿云冬，虞国跃. 2006. 十三星瓢虫的鞘翅斑纹变异(鞘翅目: 瓢虫科). 自然科学与博物馆研究，(2): 1-6.
11. 韩运发. 1997. 中国经济昆虫志（第五十五册 缨翅目）. 北京: 科学出版社.
12. 何振昌. 1997. 中国北方农业害虫原色图鉴. 辽宁: 辽宁科学技术出版社.
13. 洪军. 2014. 中国草原蝗虫生物防治实践与应用. 北京: 中国农业出版社.
14. 刘崇乐. 1963. 中国经济昆虫志，5: 鞘翅，目瓢虫科. 北京: 科学出版社.
15. 陆承志，王冀川. 1998. 阿拉尔垦区多异瓢虫色斑变异的研究. 塔里木农垦大学学报，10(2): 5-8.

16. 吕佩珂，等. 2010. 中国现代果树病虫原色图鉴. 北京: 蓝天出版社.
17. 罗志兵，陈承志，曹新川. 1999. 十一星瓢虫鞘翅色斑变异的研究. 塔里木农垦大学学报，11(1): 9-12.
18. 庞雄飞，毛金龙. 1978. 瓢虫科//中国科学院动物研究所等. 天敌昆虫图册. 北京: 科学出版社.
19. 庞雄飞，毛金龙. 1979. 中国的瓢虫属(瓢虫科). 昆虫天敌，(试刊)(1): 1-12.
20. 齐国俊，仵均祥. 2002. 陕西麦田害虫与天敌彩色图鉴. 陕西: 西安地图出版社.
21. 唐桦，王建义，朱国军. 1993. 二星瓢虫对桃粉大尾蚜的功能反应. 森林病虫通讯，(1): 24-25.
22. 王慧珍，马祁. 1984. 多异瓢虫鞘翅色斑变异的初步研究. 新疆农业大学学报，27(1): 37-39.
23. 王允华，刘宝森. 1984. 十一星瓢虫成虫鞘翅上斑点变化的初步观察. 昆虫知识，(2): 89-90，73.
24. 夏凯龄，印象初. 2003. 中国动物志昆虫纲第三十二卷，直翅目，蝗总科，槌角蝗科,剑角蝗科. 北京: 科学出版社.
25. 杨定，张泽华，张晓. 2013. 中国草原害虫图鉴. 北京: 中国农业出版社.
26. 虞国跃. 2010. 中国瓢虫亚科图志. 北京: 化学工业出版社.
27. 虞佩玉，王书永，杨星科. 1996. 中国经济昆虫志 [第五十四册 鞘翅目 叶甲总科（二）]. 北京: 科学出版社.
28. 贠旭疆. 2010. 草原植保实用技术手册. 北京: 中国农业出版社.
29. 张广学，钟铁森. 1983. 中国经济昆虫志 [第二十五册 同翅目 蚜虫类（一）]. 北京: 科学出版社.
30. 张蓉，魏淑花，高立原，张泽华. 2014. 宁夏草原昆虫原色图鉴. 北京: 中国农业科学技术出版社.
31. 赵白鸽，申效城. 1988. 展缘异点瓢虫——一种捕食玉米螟卵的天敌. 生物防治通报，4(3): 138.
32. 郑哲民，夏凯龄. 1998. 中国动物志昆虫纲第十卷，直翅目，蝗总科，斑翅蝗科，网翅蝗科. 北京: 科学出版社.

冀北现代农业技术（第二版）

◎ 王宝地　沈凤英　罗永华　主编

中国农业科学技术出版社